デジタルカラーマーキングシリーズ

日本陸軍の翼

日本陸軍機塗装図集【戦闘機編】

Imperial Japanese Army Air Service illustrated Fighters Edition.

西川幸伸

新紀元社

まえがき
Introduction

　日本における航空の黎明期から1945年の敗戦に至るまで、その足跡を航空史に刻んだ陸軍航空部隊。とくに日中戦争からノモンハン事件、太平洋戦争に至るまで長期間におよぶ戦いに参加し、連合軍と死闘を演じた組織である。その間の戦闘機部隊の進化は凄まじく、パラソル翼や複葉のクラシカルな機体から大戦劈頭から全期間を通して用いられた一式戦、液冷エンジンを備えた三式戦に至るまで、多様な機種が開発されることとなった。陸軍機のおもしろい点としてこの多彩な運用機種があり、特に一式戦から五式戦に至るまでの機体たちは一年ごとに新型機が登場している。零戦以降は実戦機の採用ペースが大きく落ちた海軍と違い、陸軍機はそもそも実戦運用まで辿り着いた機体が多くバラエティに富んでいるのだ。

　また陸軍機は塗装のパターン自体が豊富である。初期の陸軍機に見られるライトグレーの塗装や無塗装で銀色の機体、斑点状の迷彩が施された機体、工場や時期によって微妙に色合いに差がある濃緑色など、非常に多岐に渡る機体塗装も見所のひとつだ。そして部隊マークの意匠も凝ったものとなっている。一例をあげると兵庫県の加古川飛行場に展開していた246戦隊の機体には近くの名勝である「尾上の松」があしらわれるなど、部隊が展開していた基地の近くの景勝地や地名、はたまた部隊番号、部隊名、稲妻や帯などを組み合わせた謎かけのようなマークが多数存在するのである。これらの豊富な機種や塗装パターン、部隊マークを組み合わせた陸軍機の世界は、非常に興味深いものと言える。本書はこれらの多彩な陸軍機のうち、特に歴代の戦闘機にフォーカスし、その塗装パターンを網羅したものである。

　これらのマーキングは部隊ごとの識別を容易にするという目的と同時に、部隊の隊員同士の結束を強めるなど、精神的な効果も見込まれたものであるようだ。鮮やかに塗られた部隊のマーキングなどはパイロットの士気に多少なりとも影響を及ぼすのだろう。その証拠に、敗色が濃厚になってきたころの陸軍機のマーキングはより鮮やかになり、機体の塗装自体はより暗いトーンとなる。これはドイツ軍の機体などにも共通して見られる特徴だが、例えば1945年7月に編成された陸軍最後の戦闘機部隊である飛行第111戦隊の運用していた五式戦は暗い色の濃緑色で塗られた上に非常に凝ったマーキングが施されており、まさに精神的支柱としての機体塗装の有り様を感じさせる。単に色数が多く賑やかである、という以上に、その塗装が施された機体に乗って死地に赴くパイロットたちの心情が反映されたものでもあるのだ。

　本書は前述の通り、これらの戦闘機のなかで代表的である塗装パターンを側面図の形で集め、一覧としたものである。興味深いのは、収録した塗装図の機体数と実際に機体が生産された数とが綺麗に比例しているということだ。やはり大量に製造された一式戦や九七戦は資料が現存している数も多く、五式戦は非常に少数の塗装例の資料が残るのみとなっており、このあたりは機体の生産数が如実に影響を与える結果となっている。また、やはりヨーロッパやアメリカの機体と比較してどうしても資料に乏しく、詳細な色合いがわからない場合もあった。特に濃緑色の色合いは判断が難しく、機体によっては日の丸の部分と比較して明るく写っている写真と暗く写っている写真があるためどの色を基準にするかで判断がわかれる局面も多かった。加えて機体を製造したメーカーや戦地で応急的に用いられた塗料の種類などによっても左右される部分でもあり、そのあたりは考えられる限り配慮しつつ色合いを再現している。

　幅広い陸軍機の塗装を知る上で、この本が読者の助けとなれば望外の幸せである。

（文／西川幸伸）

目次
Contents

まえがき
002

国産黎明期の日本陸軍戦闘機
The early days of Japanese Army Fighters
004

中島 キ27 九七式戦闘機
Nakajima Ki-27 "Nate"
012

中島 キ43 一式戦闘機 隼
Nakajima Ki-43 "Oscar"
028

中島 キ44 二式単座戦闘機 鍾馗
Nakajima Ki-44 "Tojo"
044

川崎 キ61 三式戦闘機 飛燕
Kawasaki Ki-61 "Tony"
054

中島 キ84 四式戦闘機 疾風
Nakajima Ki-84 "Frank"
066

川崎 キ100 五式戦闘機
Kawasaki Ki-100
080

実機写真で見る帝国陸軍部隊マーキング例
086

国産黎明期の日本陸軍戦闘機
The early days of Japanese Army Fighters

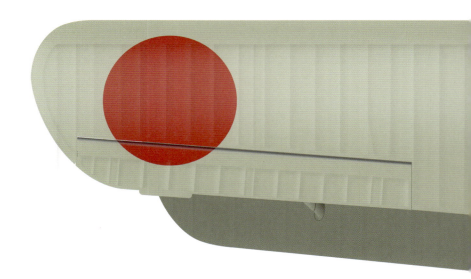

　明治43年（1910年）12月、代々木練兵場における徳川好敏・日野熊蔵両陸軍大尉による動力飛行機初飛行が成功してからしばらくの間は諸外国の飛行機を購入して訓練や機体製造の参考にするなど暗中模索の状態が続いていた日本陸軍の「航空ことはじめ」は、第一次世界大戦での本格的な航空戦を体験した欧米諸国からその戦後に人的・技術的導入を果たす形でようやく航空二流国の位置にまで追いついた。それは官民挙げての努力により、ライセンス生産によって飛行機をなんとか製造することができるようなレベルにまでなったのを意味する。
　こうして一段階踏み上がった陸軍飛行機屋たちが次なる高みとして目指すこととなったのが、戦闘機をはじめとする各機種を国産化することであった。なかでも戦闘機の自国での開発というものは、今日ここまでの歴史を見てもわかるように技術的に非常に困難なもので、列強に比肩する機体の開発に成功した国は非常に少なく、それをして航空技術のバロメーターと見ることができるものだ。
　このような背景のもと、ようやく実用化にこぎ着けたのが独特なパラソル翼を持つ中島飛行機製の九一式戦闘機や川崎重工（のち川崎航空機）の九二式戦闘機、その発展型である九五式戦闘機だ（ただし、九一式戦闘機の設計はフランスから招聘した技師のアンドレ・マリーに負うところが大きい）。
　それまでのライセンス生産機は鋼管羽布張り、つまり骨組みを金属や木工で構成しつつ、機体表面を布で覆ったタイプのもの。こうした布張りの機体の表面は、表面の強化と日の光による劣化を防ぐための塗料（いわゆるドープと呼ばれる金属粉の混じった塗料）でコーティングするというのが慣例だった。
　九一式戦闘機以降の機体は型式こそ古色蒼然であったが胴体が全金属製となったのが特筆される点だ。ちょうどこの頃から日本陸軍機は「灰緑色」で機体表面を塗装されるようになっていく。この塗装の目的はやはり機体の保護であった。
　九一式戦闘機と後発の九二式戦闘機はついに実戦で活躍する機会を得ずに第一線を退いたが、日華事変において大陸の空へと進空した後継の九五式戦闘機のなかには2色、3色の迷彩に彩られた機体も存在した。
　本書のはじめにこれら国産戦闘機たちの装いを見てみたい。

Imperial
Japanese Army
Air Service illustrated
Fighters Edition.

The early days of Japanese Army Fighters

国産黎明期の日本陸軍機

川崎 九五式戦闘機上面塗装例

九一式戦闘機、九二式戦闘機以降、日本陸軍戦闘機は胴体が全金属製、主翼が金属骨組み羽布張りという機体構造となり、機体全体は灰緑色で塗装仕上げをするというのが慣例となった。液冷式エンジン機の九二戦や九五戦は機首カバーも機体色と同様であったが、空冷式の九一式戦闘機の場合はエンジンカウリングを黒く塗っていた。図は九五戦の上面塗装例を示したもの

005

国産黎明期の日本陸軍機

Imperial Japanese Army Air Service illustrated Fighters Edition.

The early days of Japanese Army Fighters

中島 91式戦闘機 愛国61 和歌山号
1932年10月 日本

それまでの甲式4型戦闘機に代わる新しい戦闘機の必要性を考えた陸軍は1927年、中島、三菱、川崎、石川島の4社に試作を依頼した。中島では、フランスのニューポール社およびブレゲー社から技師を招聘し、開発したNC2を4社の試作競争に参加、満州事変の発生により新型戦闘機が必要になったため昭和6年12月に91式戦闘機として採用された。我が国の戦闘機としては初めて胴体が全金属製である。イラストの機体は愛国号機で和歌山県民の献金により献納された機体だ。合計342機が生産された

中島 91式戦闘機
1942年頃 満州 奉天飛行学校所属機と思われる

91式戦闘機の塗装は日本陸軍航空隊所属機では機体番号の違いや愛国号機の名前の違いくらいしかなく変化に乏しいため、ここでは満州国軍所属機をとりあげた。胴体には特別の記号はないが、主翼上下面には日の丸表示位置に満州国軍の国籍標識が描かれている。この標識は丸の前半分が前から赤、青、白、黒に四等分されており、後半部は黄色になっている。垂直尾翼には3本の斜め白線が描かれていた。この機体の所属部隊は不明であるが、奉天飛行学校としている資料もある

中島 91式戦闘機 中国広西軍閥購入機
1935年 広西省 中国

中国国民党軍は大日本帝国の敵であったが、中国国内においてその国民党軍と対立関係にあった広西（かんしー）軍閥が日本から購入した機体。方向舵を赤、白、青のストライプで彩っているほか、主翼には青天白日マークをもっとこまかくしたような国籍マークが付けられていた

川崎 92式戦闘機1型 KDA-5
1932年以降 日本

91式戦闘機が採用された4社競争試作にKDA-3で臨んだ川崎は採用されなかったが、満州事変を機に新たに開発されたKDA-5を急遽制式採用し、92式戦闘機となった。胴体は平面を多用した金属モノコック構造。上下主翼も前後桁間部分は金属貼りだった。1930年試作機により高度1万mへの上昇を記録し、最高速力も91式戦闘機より35km/h速い335km/hで世界水準の機体だが、川崎BMW液冷エンジンの稼働率は低かった。エンジンと冷却器の違いから1型と2型がある。1型は約180機、2型は約200機製造された

Imperial Japanese Army Air Service illustrated Fighters Edition.

The early days of Japanese Army Fighters

国産黎明期の日本陸軍機

川崎 キ-10 95式戦闘機1型
1938年 中国 飛行第2大隊第1中隊第2編隊 田中林平軍曹

日中戦争に派遣されていた1938年、中国（華北方面）にて作戦中の飛行第2大隊第1中隊田中軍曹機である。方向舵には田中機であることを示すカタカナ「タ」が描かれている。飛行第2大隊第1中隊は中隊マーク赤鷲と橙（黄）色のマーキングを基調にしているが、中隊内部の編隊識別のため、田中機の場合は垂直尾翼に橙色斜め線2本を描き、主脚スパッツに赤い塗装が施されている。田中軍曹は飛行第2大隊が飛行第64戦隊に再編された後、華北方面での戦闘経験をもとに「エンジンの音 轟々と」の歌詞で有名な「飛行第六十四戦隊歌」の作詞をしている（作詞時の階級は准尉）

川崎 キ-10 95式戦闘機1型
1938年 大刀洗 飛行第4戦隊第2中隊第1編隊

陸軍飛行第4連隊の九五式戦闘機で胴体に日の丸を付けているのが珍しい例。尾翼の戦隊マークは川の流れと日本刀の鍔を掛け合わせ、ホームグランドである「大刀洗」飛行場を表したもので、陸軍の空中勤務者であった漫画家・松本零士氏の実父によるデザインといわれる。16ページ掲載の飛行第4戦隊の97式戦闘機も併せてご覧いただくと、機種ごとの違いが観察できる

川崎 キ-10 95式戦闘機2型
1938年5月 飛行第2大隊第2中隊第2編隊 坂井 庵中尉

この機体について詳細な資料を手にすることができず、マーキングに描かれているアルファベットの由来を確認することができなかった。坂井 庵中尉は6という数字に縁があるのか、この機の方向舵にも、後に搭乗した97式戦闘機の場合も、方向舵に6を描いている。この機体は愛国号献納機で愛国138（小布施）となっている。これは証券王小布施 新三郎氏により献納されている。小布施氏は株式で財をなし、多くの愛国号を献納している。資料にはアンテナ空中線およびアンテナマストがないので、イラストでも描かなかった

川崎 キ-10 95式戦闘機2型
1938年 飛行第2大隊第2中隊第2編隊 坂井 庵中尉

こちらも坂井 庵中尉の乗機である6号機で、やはり愛国号の「愛國207（神戸絹業）号」。上の機体に比べ、機番号の記入サイズや胴体に描かれたマークが省略されていることなどが異なっている。坂井中尉は予備下士官から陸軍戦闘隊の中堅どころにまで登り詰めた貴重な存在で、ノモンハンで活躍したほか、大戦末期には五式戦の開発にも大きく貢献する老練な空中勤務者だった

Imperial Japanese Army Air Service illustrated Fighters Edition.

The early days of Japanese Army Fighters

国産黎明期の日本陸軍機

川崎 キ-10 95式戦闘機2型
1938年3月 中国 飛行第2大隊第1中隊 川原幸助中尉

「加藤隼戦闘隊」でおなじみの飛行第2大隊第1中隊川原中尉の搭乗機とする資料が見つかったので、それを参考に作図。方向舵には機体識別記号としてカタカナの「カ」が緑色で描かれている。カタカナの記号はパイロットの頭文字を示していると考えられ、加藤機の場合も川原機の場合も「カ」となる。写真から操縦席横の撃墜マークが8個あることが確認でき、1938年3月に8機撃墜（戦死時3月25日には9機撃墜を記録）を記録した川原中尉の搭乗機であると考えられる

川崎 キ-10 九五式戦闘機2型
1940年

この機体は皇紀2600年記念映画『燃ゆる大空』において中華民国空軍所属のI-15機に扮して出演した95式戦闘機である。浜松飛行場と思われる基地で駐機中の写真があり、それをもとに作図。写真を見ると方向舵に中華民国空軍を示すマークの白帯だけが描かれており、塗装の途中なのか、この状態で映画が撮られたのかは不明である。この機体の主脚には不整地での使用を考慮した大型タイヤが使用されている

川崎 キ-10 九五式戦闘機2型
1940年

この機体も皇紀2600年を記念して、1940年に公開された映画『燃ゆる大空』に中華民国空軍所属のI-15機に扮して出演した九五式戦闘機である。方向舵には中華民国空軍を示す青白の帯が描かれているが、この作品は現在のカラー映画とは異なり、白黒映画で色の区別が不明瞭なため、主翼の国籍標識は「青天白日」のマークではなく、日の丸に「白日」マークを描いている（あるいは白い紙を切ったものを貼りつけている）と考えられる。一部の機体は、方向舵には白帯のみを描いたものもある。機首の冷却器の後部カバーが外されている

川崎 キ-10 九五式戦闘機2型
1940年

皇紀2600年を記念して作られた映画『燃ゆる大空』に中華民国空軍機所属I-15に扮して出演した機体で「赤白赤」の胴体帯の機体と並んで編隊を組んでいた写真が残されている。写真をみると、この機体には無線アンテナは見当たらず、装備されていないと判断して作図。これらの機体は当時の陸軍航空隊の優秀な搭乗員が乗務して、高度の飛行技術を駆使した空戦シーンを撮影することができた

川崎 キ-10 95式戦闘機2型
1938年 飛行第2大隊第2中隊

この機体は鮮明な写真があり、飛行第2大隊第2中隊所属機を示す青い鷲のマークと愛国193（日魯太平洋）のマークを読み取ることができる。機体の斜め線と垂直尾翼の横線の色が中隊マークの青より暗いことから赤と考えた。97戦の場合も同様であるが、当時マーキングには中隊別のほか、編隊別の区分もあり、飛行第2大隊第2中隊の場合、編隊区分色には、赤、白、青があることが確認できる。残念ながら尾翼の大部分が写真の外にあるため、確認はできないが、操縦席付近に掛けられているカバーシートに11と記載されていることから、機番を11と推定した

川崎 キ-10 95式戦闘機2型
1938年 中国 飛行第2大隊第1中隊 加藤建夫大尉

1938年当時、飛行第2大隊第1中隊長であった加藤建夫大尉の搭乗機とされる機体で、操縦席側面には中隊マークの赤鷲と5機の撃墜マークが、方向舵には搭乗員識別用の「カ」の字が描かれている。飛行第2大隊は当時、石家荘などに駐屯して華北の航空作戦に従事していた。この機体の写真から、主脚タイヤのカバーが取り外されていること、スピナーの先端塗装、胴体の帯および方向舵の「カ」の文字が確認できる。これらの色は中隊色である黄橙色とした。写真からは無線機器の存在が確認できないため、装備されていないとした

川崎 キ-10 95式戦闘機2型
1938年 飛行第2大隊第2中隊第1編隊長機

飛行第2大隊第2中隊の中隊マークは青色鷲のマークであり、非常にスタイリッシュなものである。また、鷲のマークの色が青であることから中隊色も青と考えられるが、当時は編隊ごとの色も決められており、白、赤、青が確認されている。この白斜線が胴体に描かれた機体は第1編隊長機とされている。95式戦闘機の鮮明な写真を見ても表面はなめらかで接合部には沈頭鋲が使用されているが、それだけでなくパネルの接合部もかすかに見える程度であることから、表面は綺麗に仕上げられていると考え、このイラストにはその状況を反映した

川崎 キ-10 95式戦闘機2型
1938年 加古川飛行場 兵庫県 飛行第13戦隊 第2中隊

1938年7月に編成された飛行第13戦隊は、1937年9月に兵庫県南部の加古川飛行場で編成された飛行第13連隊を前身としている。方向舵に描かれた「カコ」の文字と水の流れが飛行場のある加古川を示しており、1941年9月に八尾（大阪府）の大正飛行場（現在の八尾空港）に移動するまで使用されていた。白い戦隊マークは第1中隊を表し「ヱ」は機体管理用の記号である

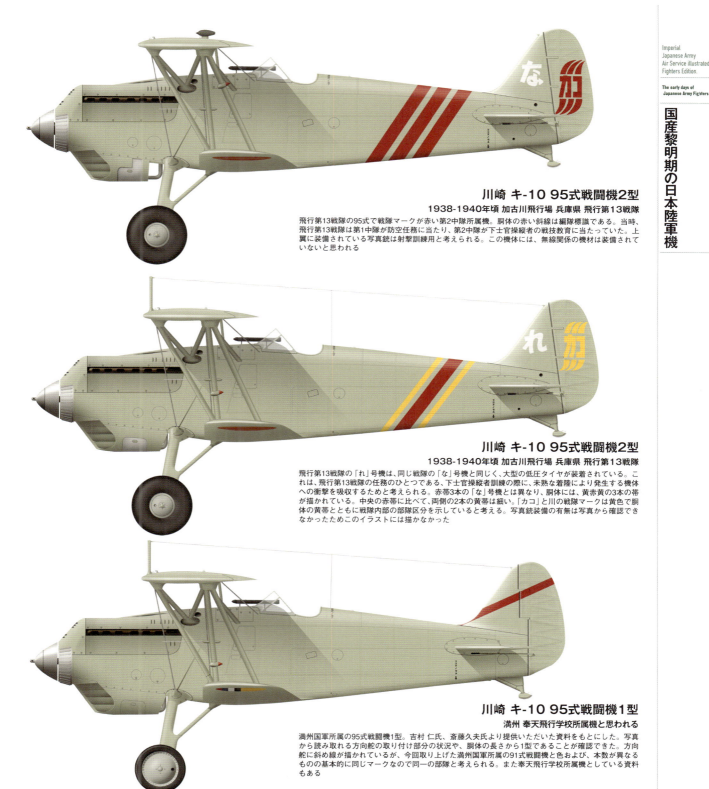

川崎 キ-10 95式戦闘機2型
1938-1940年頃 加古川飛行場 兵庫県 飛行第13戦隊

飛行第13戦隊の95式で戦隊マークが赤い第2中隊所属機。胴体の赤い斜線は編隊標識である。当時、飛行第13戦隊は第1中隊が防空任務に当たり、第2中隊が下士官操縦者の戦技教育に当たっていた。上翼に装備されている写真銃は射撃訓練用と考えられる。この機体には、無線関係の機材は装備されていないと思われる

川崎 キ-10 95式戦闘機2型
1938-1940年頃 加古川飛行場 兵庫県 飛行第13戦隊

飛行第13戦隊の「れ」号機は、同じ戦隊の「な」号機と同じく、大型の低圧タイヤが装着されている。これは、飛行第13戦隊の任務のひとつである、下士官操縦者訓練の際に、未熟な着陸により発生する機体への衝撃を吸収するためと考えられる。赤帯3本の「な」号機とは異なり、胴体には、黄赤黄の3本の帯が描かれている。中央の赤帯に比べて、両側の2本の黄帯は細い。「カコ」と川の戦隊マークは黄色で胴体の黄帯とともに戦隊内部の部隊区分を示していると考える。写真銃装備の有無は写真から確認できなかったためこのイラストには描かなかった

川崎 キ-10 95式戦闘機1型
満州 奉天飛行学校所属機と思われる

満州国軍所属の95式戦闘機1型。吉村 仁氏、斎藤久夫氏より提供いただいた資料をもとにした。写真から読み取れる方向舵の取り付け部分の状況や、胴体の長さから1型であることが確認できた。方向舵に斜め線が描かれているが、今回取り上げた満州国軍所属の91式戦闘機と色および、本数が異なるものの基本的に同じマークなので同一の部隊と考えられる。また奉天飛行学校所属機としている資料もある

[1] 飛行第4連隊から連なる飛行第4戦隊の戦隊マークは原駐地に因んで「太刀」の鍔（つば）に川の流れを図案化したもの。なお大刀洗は「太」ではなく「大」の字が正しい

[2] 第2飛行大隊第2中隊機のマークとして胴体に記入された青い鷲マーク。加藤建夫大尉率いる第1中隊は翼を広げた赤鷲だった

[3] 飛行第13連隊の部隊マークは加古川飛行場に因んだもの。こうした原駐地に由来する例も多く見受けられた

中島 キ27 九七式戦闘機
Nakajima Ki-27 "Nate"

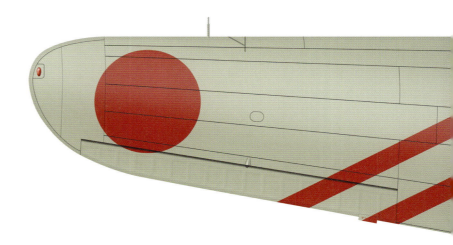

　初の国産戦闘機となった九一式戦闘機が陸軍戦闘機として制式採用されて以降、九二式戦闘機、九五式戦闘機と続けざまに川崎重工に出し抜かれた中島飛行機が、次期戦闘機競作審査に挑むにあたり満を持して送り込んだ機体がキ27試作機だ。この当時、日本海軍ではのちに九六式艦上戦闘機として勇名を馳せることになる九試単座戦闘機が最高速度450km/hを叩き出していたこともあり、陸軍としてはこれと同等の戦闘機の取得にやっきになっていたところだった。

　中島では低翼単葉全金属製で密閉風防を有する、いかにも空力性の良さそうな機体を提出。川崎のキ28、三菱のキ33（九試単戦を陸軍仕様にした機体）を押しのけて、昭和12年6月には次期制式戦闘機の内定を獲得することに成功。「軽戦の極致」と絶賛された空戦性能は、470km/hという最高速度と相まって旧来の陸軍戦闘機を圧倒、昭和12年12月には「九七式戦闘機」として文句なく制式兵器化にこぎ着けた。

　この昭和12年は8月の盧溝橋事件に端を発する日華事変（当時は北支事変、支那事変とも言った）の初年であり、翌昭和13年には量産機を供給された飛行第64戦隊、飛行第59戦隊、独立飛行第10中隊が大陸の空での転戦を開始。この時は海軍の九六艦戦の活躍の影にかすむような働きしかできなかったが、昭和14年5月に勃発したノモンハン事変の初期には得意の格闘戦闘を展開してソ連空軍機を圧倒、その存在感を見せつけた。

　その生産は昭和17年12月までに中島飛行機で2,007機、ライセンス生産を行なった満州飛行機で1,379機の合計3,386機に上り（このなかに、本機の練習機型のキ79 二式高等練習機の数は含まれていない）、これに運用期間の長さもあいまって九七式戦闘機の装備部隊は多岐にわたる。

　ここではそうした色とりどりな本機の塗装例を並べ、同一部隊間の個体別の違いや、時代別の違い、逆に共通点などを観察してみよう。

Imperial
Japanese Army
Air Service illustrated
Fighters Edition.

Nakajima Ki-27 "Nate"

中島 キ27 九七式戦闘機

中島 九七式戦闘機上面塗装例

主翼も含めて全金属製となった九七式戦闘機は出現当初から灰緑色で機体全体を塗装しており、海軍の九六式艦上戦闘機がカウリング部分を黒く塗装していたのに反して、そうした部分も灰緑色であった。この頃から太平洋戦争開戦後の昭和17年中頃までの日本陸軍機の特徴として胴体の日の丸は付けておらず、国籍標識は主翼上下面のみである。図は飛行第1戦隊の機体で、主翼上面には斜め赤帯2本を記入して中隊長標識としていた

013

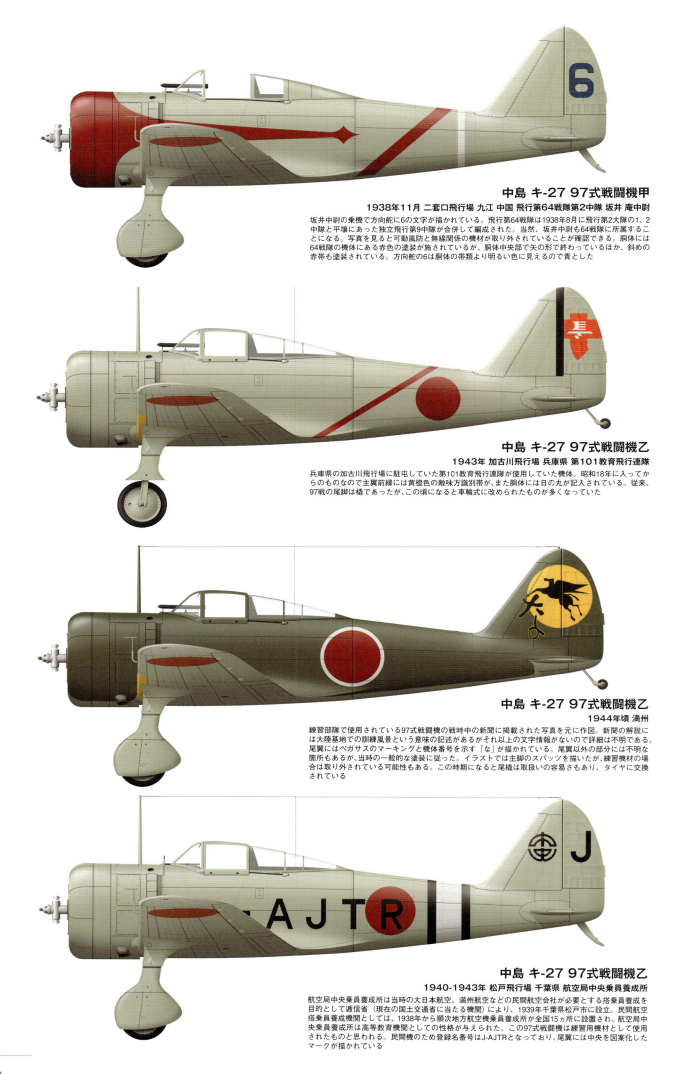

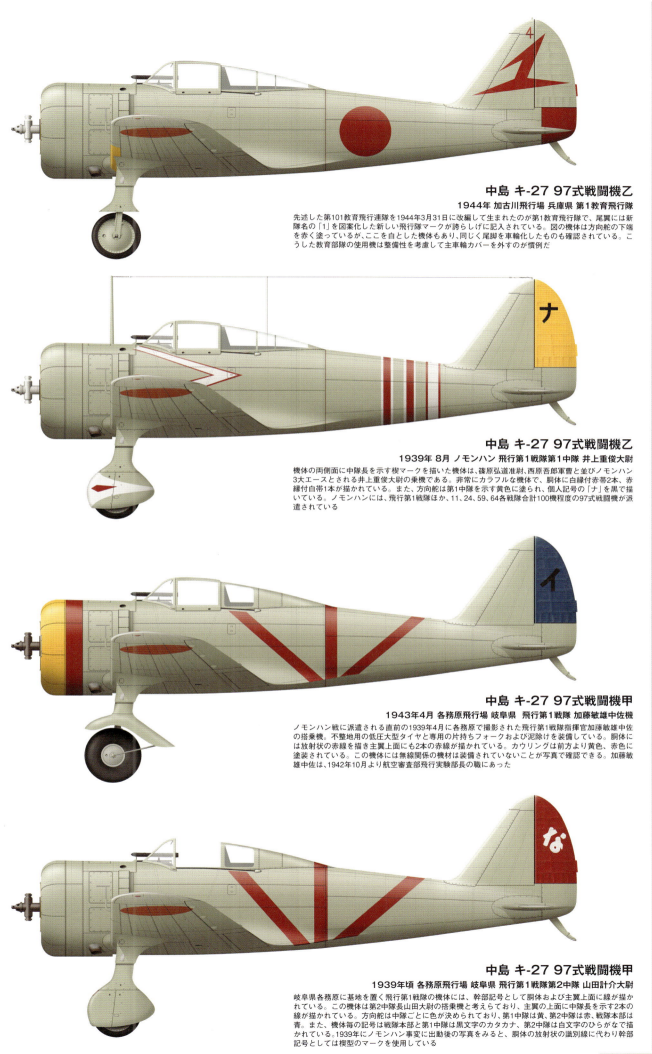

中島 キ-27 97式戦闘機乙
1944年 加古川飛行場 兵庫県 第1教育飛行隊

先述した第101教育飛行連隊を1944年3月31日に改編して生まれたのが第1教育飛行隊で、尾翼には新隊名の「1」を図案化した新しい飛行隊マークが誇らしげに記入されている。図の機体は方向舵の下端を赤く塗っているが、ここを白とした機体もあり、同じく尾翼を車輪化したものも確認されている。こうした教育部隊の使用機は整備性を考慮して主車輪カバーを外すのが慣例だ

中島 キ-27 97式戦闘機乙
1939年8月 ノモンハン 飛行第1戦隊第1中隊 井上重俊大尉

機体の両側面に中隊長を示す楔マークを描いた機体は、篠原弘道准尉、西原吾郎軍曹と並びノモンハン3大エースとされる井上重俊大尉の乗機である。非常にカラフルな機体で、胴体に白縁付赤帯2本、赤縁付白帯1本が描かれている。また、方向舵は第1中隊を示す黄色に塗られ、個人記号の「ナ」を黒で描いている。ノモンハンには、飛行第1戦隊ほか、11、24、59、64各戦隊合計100機程度の97式戦闘機が派遣されている

中島 キ-27 97式戦闘機甲
1943年4月 各務原飛行場 岐阜県 飛行第1戦隊 加藤敏雄中佐機

ノモンハン戦に派遣される直前の1939年4月に各務原で撮影された飛行第1戦隊指揮官加藤敏雄中佐の搭乗機。不整地用の低圧大型タイヤと専用の片持ちフォークおよび泥除けを装備している。胴体には放射状の赤線を描き主翼上面にも2本の赤線が描かれている。カウリングは前方より黄色、赤色に塗装されている。この機体には無線関係の機材は装備されていないことが写真で確認できる。加藤敏雄中佐は、1942年10月より航空審査部飛行実験部長の職にあった

中島 キ-27 97式戦闘機甲
1939年頃 各務原飛行場 岐阜県 飛行第1戦隊第2中隊 山田計介大尉

岐阜県各務原に基地を置く飛行第1戦隊の機体には、幹部記号として胴体および主翼上面に線が描かれている。この機体は第2中隊長山田大尉の搭乗機と考えられており、主翼の上面に中隊長を示す2本の線が描かれている。方向舵は中隊ごとに色が決められており、第1中隊は黄、第2中隊は赤、戦隊本部は青。また、機体毎の記号は戦隊本部と第1中隊は黒文字のカタカナ、第2中隊は白文字のひらがなで描かれている。1939年にノモンハン事変に出動後の写真をみると、胴体の放射状の識別線に代わり幹部記号としては楔型のマークを使用している

中島 キ-27 97式戦闘機乙
1941年11月 屏東 台湾 飛行第4戦隊第2中隊

太平洋戦争開戦前に台湾の屏東を基地にしていた飛行第4戦隊の97式戦闘機で、開戦時には船団護衛や防空に従事していた。車輪カバーが外されているので、訓練目的に使用されていた可能性もある。垂直尾翼には原駐屯地福岡県の大刀洗飛行場に因んだ刀の鍔に流水のマークが中隊などの識別のために黄色と黒で描かれている。無線関係の機材は装備されているが可動風防は取り外されている。1942年になると第4戦隊は山口県小月飛行場に移動し、2式複戦に機種改変を実施した後に北九州の防空に従事することになる

中島 キ-27 九七式戦闘機乙
1940年9月 菊池飛行場 熊本県 飛行第4戦隊本部 林 三郎中佐と思われる

1940年に福岡県大刀洗飛行場から熊本県菊池飛行場(現菊池市)に移動した当時の飛行第4戦隊本部機で胴体に青色帯3本が描かれていることから林 三郎中佐機と推定される機体である。尾翼にある部隊マークは部隊の編制地大刀洗に因んだもので、刀の鍔と川を示す水の流れを図案化している。部隊マークは本部機なので、胴体の帯と同様、青と考えられる。画面では見えないが、主翼上面に片側3本の主翼付け根から翼後縁に向けた青色放射線状マークが描かれている。写真を見た限りでは、可動風防、無線機材は装備されているように見える

中島 キ-27 九七式戦闘機乙
1940年9月 菊池飛行場 熊本県 飛行第4戦隊第2中隊

おなじく飛行第4戦隊の第2中隊所属機。本機は主車輪カバーだけでなく可動風部までも撤去している。胴体の3本の赤い斜め線は編隊標識と思われる

中島 キ-27 97式戦闘機乙
1940年から1941年 柏飛行場 千葉県 飛行第5戦隊第3中隊 伊藤藤太郎曹長

2式複戦を装備した部隊として知られている飛行第5戦隊は、1942年に2式複戦に改編するまでは97式戦闘機装備の部隊であった。この機体は千葉県の柏飛行場に駐屯していた時期の第3中隊伊藤曹長の搭乗機で、製造番号5362号機である。97式戦闘機の固定脚のカバーは分解して取り外した場合、再度組み立てる際に部品が散逸しないように製造番号と右、左の文字が描かれている。尾翼には部隊マークの2本の斜め線が第3中隊を示す赤縁付黄色で描かれている。胴体の帯は中隊内の編隊区分を示すもので、伊藤曹長機は前方黄色縁付赤、赤縁付白となる。太平洋戦争前と緒戦期ごろまでは、部隊マークは中隊別色で描かれているほか、編隊の区別も中隊毎に異なる胴体の帯の色などで示している

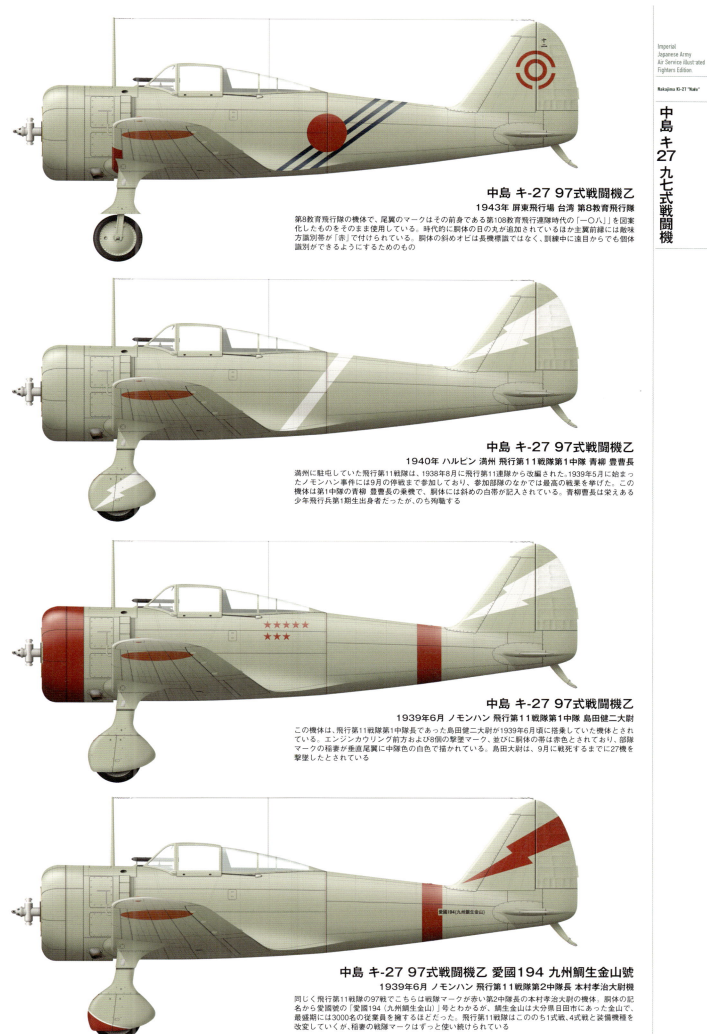

中島 キ-27 97式戦闘機乙
1943年 屏東飛行場 台湾 第8教育飛行隊

第8教育飛行隊の機体で、尾翼のマークはその前身である第108教育飛行連隊時代の「一〇八」を図案化したものをそのまま使用している。時代的に胴体の日の丸が追加されているほか主翼前縁には敵味方識別帯が「赤」で付けられている。胴体の斜めオビは長機標識ではなく、訓練中に遠目からでも個体識別ができるようにするためのもの

中島 キ-27 97式戦闘機乙
1940年 ハルピン 満州 飛行第11戦隊第1中隊 青柳 豊曹長

満州に駐屯していた飛行第11戦隊は、1938年8月に飛行第11連隊から改編された。1939年5月に始まったノモンハン事件には9月の停戦まで参加しており、参加部隊のなかでは最高の戦果を挙げた。この機体は第1中隊の青柳 豊曹長の乗機で、胴体には斜めの白帯が記入されている。青柳曹長は栄えある少年飛行兵第1期生出身者だったが、のち殉職する

中島 キ-27 97式戦闘機乙
1939年6月 ノモンハン 飛行第11戦隊第1中隊 島田健二大尉

この機体は、飛行第11戦隊第1中隊長であった島田健二大尉が1939年6月頃に搭乗していた機体とされている。エンジンカウリング前方および8個の撃墜マーク、並びに胴体の帯は赤色とされており、部隊マークの稲妻が垂直尾翼に中隊色の白色で描かれている。島田大尉は、9月に戦死するまでに27機を撃墜したとされている

中島 キ-27 97式戦闘機乙 愛國194 九州鯛生金山號
1939年6月 ノモンハン 飛行第11戦隊第2中隊長 本村孝治大尉機

同じく飛行第11戦隊の97戦でこちらは戦隊マークが赤い第2中隊長の本村孝治大尉の機体。胴体の記名から愛國号の「愛國194（九州鯛生金山）」号とわかるが、鯛生金山は大分県日田市にあった金山で、最盛期には3000名の従業員を擁するほどだった。飛行第11戦隊はこののち1式戦、4式戦と装備機種を改変していくが、稲妻の戦隊マークはずっと使い続けられている

中島 キ-27 97式戦闘機乙
1942年 大正飛行場 大阪府 飛行第13戦隊第3中隊

飛行第13戦隊第3中隊の機体で、戦隊マークは基幹となった独立飛行第102中隊時代の「一〇二」を図案化したものと大正飛行場の「大」を併せたものになっている。胴体や主翼の日の丸を見てもわかるようにこの頃の13戦隊は本土防空部隊で、1942年8月から二式複戦に機種改変を開始。1943年6月にニューギニア戦線へと出撃していく

中島 キ-27 97式戦闘機乙
1943年11月 南苑飛行場 北京 中国 第14教育飛行隊

第14教育飛行隊は第114教育飛行連隊（隼15301部隊）から改編された部隊で、中国北京にある南苑飛行場にあり、戦闘機搭乗員の教育・訓練に従事した。尾翼に描かれた部隊マークは部隊番号の下2桁01を図案化（「0」を日ノ丸、「1」を青横棒）し、さらに黄色の電光マークを追加したものである。この機体で識別記号には「ひらがな」1文字をあてているが、統一された命名である確証はない。訓練用機材のため、整備の利便性を考慮して主車輪カバーは外されている。訓練機材では尾輪を装備した機体もあるが、この機体は尾橇のようだ

中島 キ-27 97式戦闘機乙
1939年8月 ノモンハン 飛行第24戦隊第2中隊 西原五郎曹長

飛行第24戦隊は、飛行第11戦隊を母体として1938年9月に編成され、ハイラルに駐屯していたため、1939年5月に発生したノモンハン事件には先陣を切って参加した。この機体は、飛行第24戦隊第2中隊西原五郎曹長の搭乗機とされる機体である。尾翼の部隊マークは戦隊名の「24」を垂直安定板に2本の帯、方向舵の4本の帯で示しており、第2中隊色の赤色で描いている（第1中隊白、第3中隊黄）。西原曹長は1939年8月4日、戦隊長松村黄次郎中佐機が被弾し敵地に不時着した際、傍らに着陸し、戦隊長を救出後無事帰還した

中島 キ-27 97式戦闘機乙
1938年8月 ノモンハン 飛行第24戦隊第2中隊所属機

同じく飛行第24戦隊第2中隊の97戦で、「愛國318（第五貝島）」号。代永兵衛中尉や斉藤千代治曹長らの乗機として使用された機体といわれ、胴体後方の編隊識別標識の色合いが上の機体と逆になっている点に注意されたい。方向舵に記入されたカタカナは機体識別の記号だが、他の戦隊とは違い、乗員の頭文字ではない

Imperial Japanese Army Air Service illustrated Fighters Edition.

Nakajima Ki-27 "Nate"

中島 キ27 九七式戦闘機

中島 キ-27 97式戦闘機乙
1941年12月 ナギリアン飛行場 フィリピン 飛行第24戦隊第2中隊

こちらも同じく飛行第24戦隊第2中隊の機体だが、ちょうど1941年12月の南方進攻作戦に参加していた頃のもの。機体上面を2種類の濃緑色と黄土色の3色で迷彩していた。なにしろ開戦時、日本陸軍には新鋭の一式戦が50機しかなかった（海軍の零戦は300機はあった）から大変だ。それでも欧米の二線機と渡り合った技倆を褒めるべきだが、爆撃隊の援護などでは荷が重かった。尾翼のマークは太いものが1、方向舵が5、水平尾翼の上面が「ハの字」で通称の部隊名「満州第158部隊」を示している

中島 キ-27 97式戦闘機乙
1940年 ハイラル飛行場 満州 飛行第24戦隊第3中隊長 坂川敏雄大尉

こちらは飛行第24戦隊の第3中隊長であった坂川敏雄大尉を再現したもので太い赤帯が長機標識。戦隊マークは3中隊を表す黄色で、赤フチが付けられている。坂川大尉は飛行第25戦隊での活躍やフィリピン決戦部隊であった飛行第200戦隊の戦隊長を勤めたことでも知られる辣腕指揮官だ

中島 キ-27 97式戦闘機乙
1944年 白城子飛行場 満州 第25教育飛行隊

満州の白城子飛行場にいた第25教育飛行隊で使用していた機体で、尾翼のマークは「25」をそのまま図案化したもの。97戦も胴体に日の丸を記入するとぐっと見違える

中島 キ-27 97式戦闘機乙
1942年2月 モールメン飛行場 ビルマ 飛行第50戦隊第2中隊

飛行第50戦隊は、台湾の屏東にあった飛行第8戦隊戦闘中隊をもとに1940年9月に編成された。太平洋戦争開戦により、フィリピンに移動し、その後、第1、第2中隊はビルマに移動した。ビルマ戦線では米英軍のP-40、ハリケーンに対して九七式戦闘機では性能的に劣り苦戦。この機体は第2中隊所属の機体で、尾翼から胴体後部に部隊マークの電光を赤色で描いている。胴体には、外征部隊識別用の白帯を描いている。方向舵の「そ」の字は個別機体の識別用である。また、この頃から胴体に識別用「日の丸」を描くようになった

019

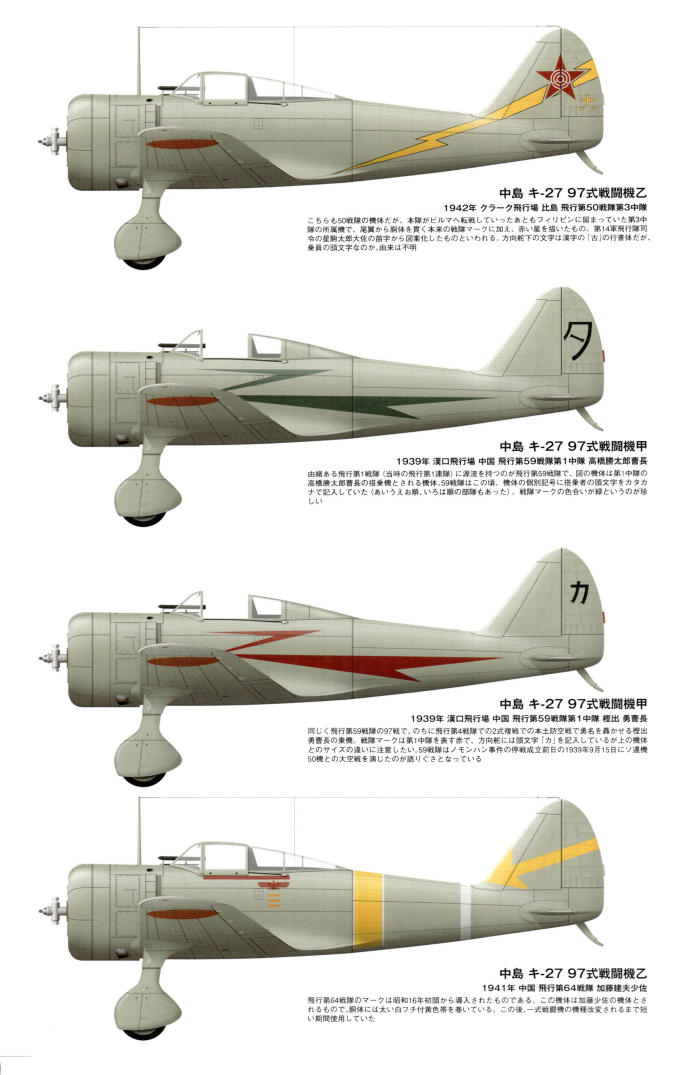

中島 キ-27 97式戦闘機乙
1942年 クラーク飛行場 比島 飛行第50戦隊第3中隊

こちらも50戦隊の機体だが、本隊がビルマへ転戦していったあともフィリピンに留まっていた第3中隊の所属機で、尾翼から胴体を貫く本来の戦隊マークに加え、赤い星を描いたもの。第14軍飛行隊司令の星駒太郎大佐の苗字から図案化したものといわれる。方向舵下の文字は漢字の「古」の行書体だが、乗員の頭文字なのか、由来は不明

中島 キ-27 97式戦闘機甲
1939年 漢口飛行場 中国 飛行第59戦隊第1中隊 高橋勝太郎曹長

由緒ある飛行第1戦隊(当時の飛行第1連隊)に源流を持つのが飛行第59戦隊で、図の機体は第1中隊の高橋勝太郎曹長の搭乗機とされる機体。59戦隊はこの頃、機体の個別記号に搭乗者の頭文字をカタカナで記入していた(あいうえお順、いろは順の部隊もあった)。戦隊マークの色合いが緑というのが珍しい

中島 キ-27 97式戦闘機甲
1939年 漢口飛行場 中国 飛行第59戦隊第1中隊 樫出 勇曹長

同じく飛行第59戦隊の97戦で、のちに飛行第4戦隊の2式複戦での本土防空戦で勇名を轟かせる樫出勇曹長の乗機。戦隊マークは第1中隊を表す赤で、方向舵には頭文字「カ」を記入しているが上の機体とのサイズの違いに注意したい。59戦隊はノモンハン事件の停戦成立前日の1939年9月15日にソ連機50機との大空戦を演じたのが語りぐさとなっている

中島 キ-27 97式戦闘機乙
1941年 中国 飛行第64戦隊 加藤建夫少佐

飛行第64戦隊のマークは昭和16年初頭から導入されたものである。この機体は加藤少佐の機体とされるもので、胴体には太い白フチ付黄色帯を巻いている。この後、一式戦闘機の機種改変されるまで短い期間使用していた

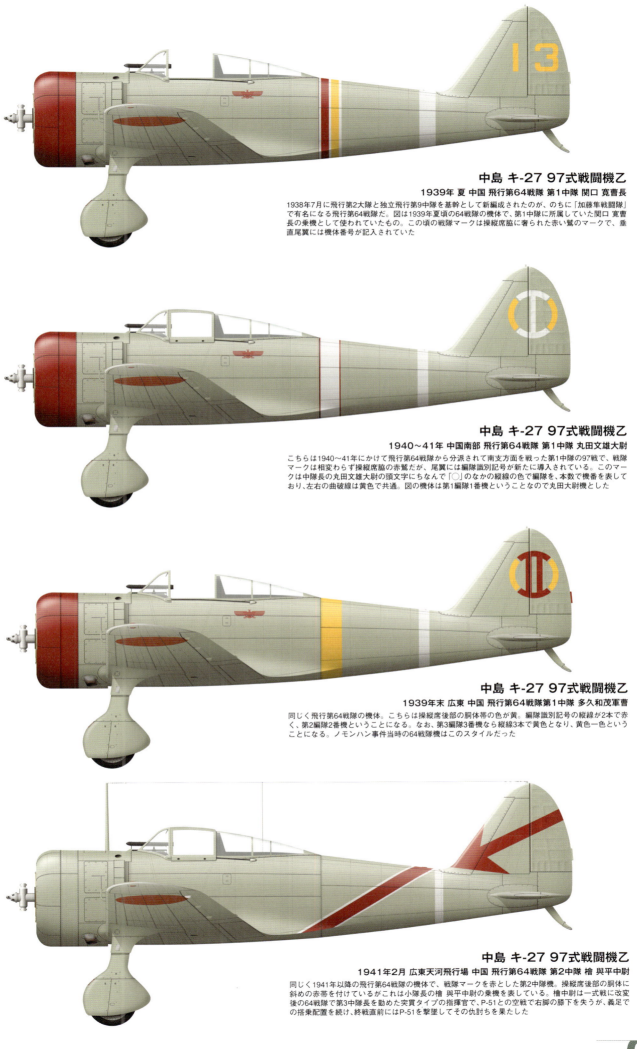

中島 キ-27 97式戦闘機乙
1939年 夏 中国 飛行第64戦隊 第1中隊 関口 寛曹長

1938年7月に飛行第2大隊と独立飛行第9中隊を基幹として新編成されたのが、のちに「加藤隼戦闘隊」で有名になる飛行第64戦隊だ。図は1939年夏頃の64戦隊の機体で、第1中隊に所属していた関口 寛曹長の乗機として使われていたもの。この頃の戦隊マークは操縦席脇に奢られた赤い鷲のマークで、垂直尾翼には機体番号が記入されていた

中島 キ-27 97式戦闘機乙
1940～41年 中国南部 飛行第64戦隊 第1中隊 丸田文雄大尉

こちらは1940～41年にかけて飛行第64戦隊から分派されて南支方面を戦った第1中隊の97戦で、戦隊マークは相変わらず操縦席脇の赤鷲だが、尾翼には編隊識別記号が新たに導入されている。このマークは中隊長の丸田文雄大尉の頭文字にちなんで「○」のなかの縦線の色で編隊を、本数で機番を表しており、左右の曲破線は黄色で共通。図の機体は第1編隊1番機ということなので丸田大尉機とした

中島 キ-27 97式戦闘機乙
1939年末 広東 中国 飛行第64戦隊第1中隊 多久和茂軍曹

同じく飛行第64戦隊の機体。こちらは操縦席後部の胴体帯の色が黄。編隊識別記号の縦線が2本で赤く、第2編隊2番機ということになる。なお、第3編隊3番機なら縦線3本で黄色となり、黄色一色ということになる。ノモンハン事件当時の64戦隊機はこのスタイルだった

中島 キ-27 97式戦闘機乙
1941年2月 広東天河飛行場 中国 飛行第64戦隊 第2中隊 檜 與平中尉

同じく1941年以降の飛行第64戦隊の機体で、戦隊マークを赤とした第2中隊機。操縦席後部の胴体に斜めの赤帯を付けているがこれは小隊長の檜 與平中尉の乗機を表している。檜中尉は一式戦に改変後の64戦隊で第3中隊長を勤めた突貫タイプの指揮官で、P-51との空戦で右脚の膝下を失うが、義足での搭乗配置を続け、終戦直前にはP-51を撃墜してその仇討ちを果たした

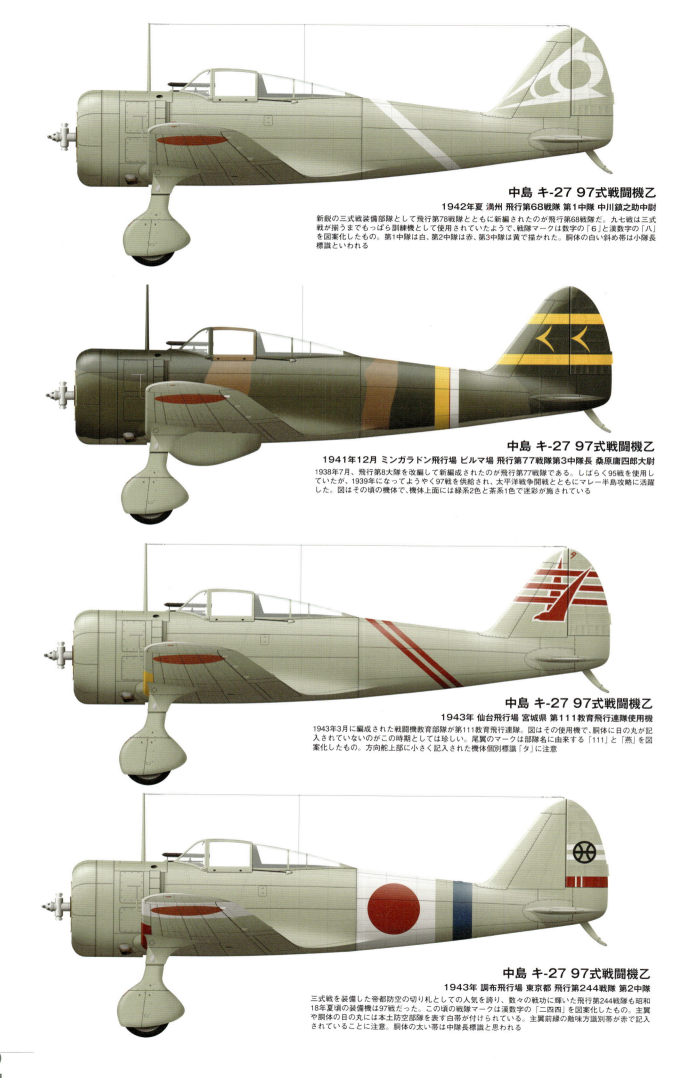

中島 キ-27 97式戦闘機乙
1942年夏 満州 飛行第68戦隊 第1中隊 中川鎮之助中尉

新鋭の三式戦装備部隊として飛行第78戦隊とともに新編されたのが飛行第68戦隊だ。九七戦は三式戦が揃うまでもっぱら訓練機として使用されていたようで、戦隊マークは数字の「6」と漢数字の「八」を図案化したもの。第1中隊は白、第2中隊は赤、第3中隊は黄で描かれた。胴体の白い斜め帯は小隊長標識といわれる

中島 キ-27 97式戦闘機乙
1941年12月 ミンガラドン飛行場 ビルマ場 飛行第77戦隊第3中隊長 桑原庸四郎大尉

1938年7月、飛行第8大隊を改編して新編成されたのが飛行第77戦隊である。しばらく95戦を使用していたが、1939年になってようやく97戦を供給され、太平洋戦争開戦とともにマレー半島攻略に活躍した。図はその頃の機体で、機体上面には緑系2色と茶系1色で迷彩が施されている

中島 キ-27 97式戦闘機乙
1943年 仙台飛行場 宮城県 第111教育飛行連隊使用機

1943年3月に編成された戦闘機教育部隊が第111教育飛行連隊。図はその使用機で、胴体に日の丸が記入されていないのがこの時期としては珍しい。尾翼のマークは部隊名に由来する「111」と「燕」を図案化したもの。方向舵上部に小さく記入された機体個別標識「タ」に注意

中島 キ-27 97式戦闘機乙
1943年 調布飛行場 東京都 飛行第244戦隊 第2中隊

三式戦を装備した帝都防空の切り札としての人気を誇り、数々の戦功に輝いた飛行第244戦隊も昭和18年夏頃の装備機は97戦だった。この頃の戦隊マークは漢数字の「二四四」を図案化したもの。主翼や胴体の日の丸には本土防空部隊を表す白帯が付けられている。主翼前縁の敵味方識別帯が赤で記入されていることに注意。胴体の太い帯は中隊長標識と思われる

中島 キ-27 九七式戦闘機乙
1943年 調布飛行場 東京都 飛行第244戦隊 第2中隊

同じく飛行第244戦隊の97戦の別な塗装例。胴体の帯は色違いで3本巻かれており、編隊標識と思われるがどのような規則であったのかは不詳

中島 キ-27 九七式戦闘機乙
1944年 調布飛行場 東京都 飛行第244戦隊 第2中隊

同じく飛行第244戦隊の機体で、新しいデザインの戦隊マークを付けた珍しいパターン。アラビア数字の「244」と星を図案化したものだが、方向舵下端には旧戦隊マーク時代に編隊標識として使用していた赤帯と白縦線が残っているのが興味深い

中島 キ-27 97式戦闘機乙
1943年 加古川飛行場 兵庫県 飛行第246戦隊第2中隊 梶並進伍長

飛行第246戦隊は1942年8月近畿地方防衛を目的として加古川で編成された。部隊マークは基地近くにある尾上神社の松にちなんでおり、尾上神社は三韓征伐の故事以来、軍神として信仰の対象となっている。図は機首から胴体を貫くように塗られた「流血一線」と呼ばれる第2中隊の固有標識が目をひく機体。わかりづらいが方向舵の上部に記入されたひらがな一文字が機体の固有標識であった

中島 キ-27 97式戦闘機乙
1942年12月 加古川飛行場 兵庫県 飛行第246戦隊 宮本武夫少佐

この機体は、戦隊長宮本武夫少佐の搭乗機であるが、飛行第246戦隊には当時本部飛行隊がなく、戦隊長機には第1中隊を示す白色マーキングが施されていると考えられる。防空部隊のため、すべての日の丸には白帯が付いている他、主翼前縁には敵味方識別帯が描かれた。操縦席側面には個人マークとして大きく赤鷲が描かれている

Imperial Japanese Army Air Service illustrated Fighters Edition.
Nakajima Ki-27 "Nate"

中島 キ27 九七式戦闘機

中島 キ-27 97式戦闘機乙
1941年 仏印 独立飛行第84中隊

昭和14年7月、ノモンハン戦に参加する飛行第64戦隊の残置隊を基幹として南支の広東で編成されたのが独立飛行第84中隊。246戦隊の流血一線と同様な、機首と胴体を貫く赤塗装が目をひくが、これは64戦隊の流れを汲むもの。胴体の斜め帯は編隊を表すもので同一編隊の機体は同じ色で統一されていた。機番号もこれと同じ色だ

中島 キ-27 97式戦闘機乙
1941年 仏印 独立飛行第84中隊

同じく独立飛行第84中隊の黄色編隊の機体。尾翼番号は「8」だが、こうした数字は製造番号の下1ケタを使用していたのではないかといわれている。各機とも胴体後方の白帯は外戦部隊標識で、部隊全体が記入している

中島 キ-27 97式戦闘機乙
1941年 仏印 独立飛行第84中隊

こちらは独立飛行第84中隊の青編隊の「21」号機。上掲の3つはいわゆる乙型と呼ばれる、後部風防までアクリルガラスになった型式

中島 キ-27 97式戦闘機甲
1941年 仏印 独立飛行第84中隊

同じく独立飛行第84中隊の赤編隊の97戦で、風防後部が金属張りの甲型と呼ばれるもの。本機は旧64戦隊機の風合いを色濃く残しており、操縦席脇の赤鷲がそうした点だ

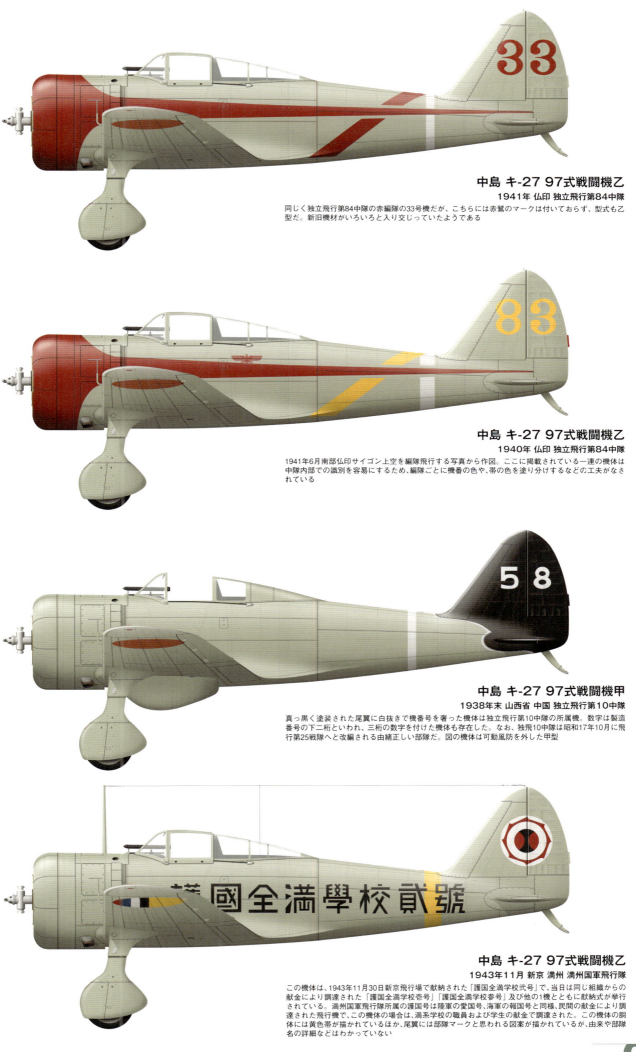

中島 キ-27 97式戦闘機乙
1941年 仏印 独立飛行第84中隊

同じく独立飛行第84中隊の赤編隊の33号機だが、こちらには赤鷲のマークは付いておらず、型式も乙型だ。新旧機材がいろいろと入り交じっていたようである

中島 キ-27 97式戦闘機乙
1940年 仏印 独立飛行第84中隊

1941年6月南部仏印サイゴン上空を編隊飛行する写真から作図。ここに掲載されている一連の機体は中隊内部での識別を容易にするため、編隊ごとに機番の色や、帯の色を塗り分けするなどの工夫がなされている

中島 キ-27 97式戦闘機甲
1938年末 山西省 中国 独立飛行第10中隊

真っ黒く塗装された尾翼に白抜きで機番号を奢った機体は独立飛行第10中隊の所属機。数字は製造番号の下二桁といわれ、三桁の数字を付けた機体も存在した。なお、独飛10中隊は昭和17年10月に飛行第25戦隊へと改編される由緒正しい部隊だ。図の機体は可動風防を外した甲型

中島 キ-27 97式戦闘機乙
1943年11月 新京 満州 満州国軍飛行隊

この機体は、1943年11月30日新京飛行場で献納された「護国全満学校弐号」で、当日は同じ組織からの献金により調達された「護国全満学校壱号」「護国全満学校参号」及び他の1機とともに献納式が挙行されている。満州国軍飛行隊所属の護国号は陸軍の愛国号、海軍の報国号と同様、民間の献金により調達された飛行機で、この機体の場合は、満系学校の職員および学生の献金で調達された。この機体の胴体には黄色帯が描かれているほか、尾翼には部隊マークと思われる図案が描かれているが、由来や部隊名の詳細などはわかっていない

Imperial Japanese Army Air Service illustrated Fighters Edition

Nakajima Ki-27 "Nate"

中島 キ27 九七式戦闘機

025

Imperial Japanese Army Air Service illustrated Fighters Edition.

Nakajima Ki-27 "Nate"

中島 キ27 九七式戦闘機

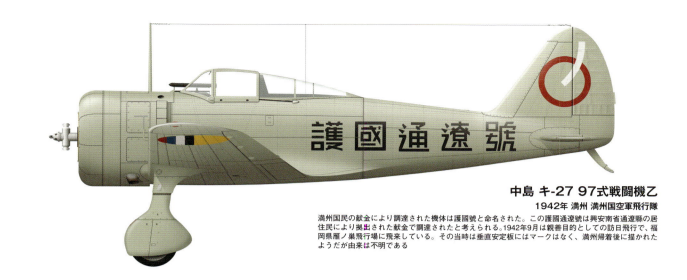

中島 キ-27 97式戦闘機乙
1942年 満州 満州国空軍飛行隊

満州国民の献金により調達された機体は護國號と命名された。この護國通遼號は興安南省通遼縣の居住民により拠出された献金で調達されたと考えられる。1942年9月は親善目的としての訪日飛行で、福岡県雁ノ巣飛行場に飛来している。その当時は垂直安定板にはマークはなく、満州帰着後に描かれたようだが由来は不明である

陸軍の戦隊マークについて

　第1次世界大戦後の人的技術的導入により日本陸軍での各種の航空機の開発が成功し、順次国産化されていくと、手探りながら航空兵力の拡充がなされるようになり、日本各地の飛行場を原駐地として"飛行連隊"が編成されるようになった。やがて"飛行戦隊"へと発展していくこれらには固有の部隊マークが考案され、主に垂直尾翼や胴体に奢られて日本陸軍機のいでたちを華やかなものとしている。

　これらは5飛行第11戦隊や10飛行第68戦隊、11飛行第77戦隊など、番号を名称とする実戦部隊であれば部隊名の数字を図案化したもの、飛行第4戦隊（2 3 4）や6飛行第13戦隊のように原駐地にあやかったもの、飛行学校であれば明野陸軍飛行学校など頭文字をデザインしたものが使用されている。

　こうしたなかで特異な例は九五式戦闘機、九七式戦闘機時代には赤や青の鷲マークを使用（前章参照）し、九七戦装備の後半から一式戦闘機に改変して以降、終戦まで矢印を図案化した戦隊マークを使用した9飛行第64戦隊や、稲妻に五葉松をあしらった14飛行第246戦隊などである。

　部隊ごとに多少の相違はあるが、およそ九七式戦闘機への機種改変がはじまった昭和14年頃からこうした部隊マークの原型がほぼ固まり、一式戦闘機、二式戦闘機、あるいは三式戦闘機へと変わってのちにも引き継がれていくことで、いわば伝統ある"戦隊マーク"へと熟成されていったのである

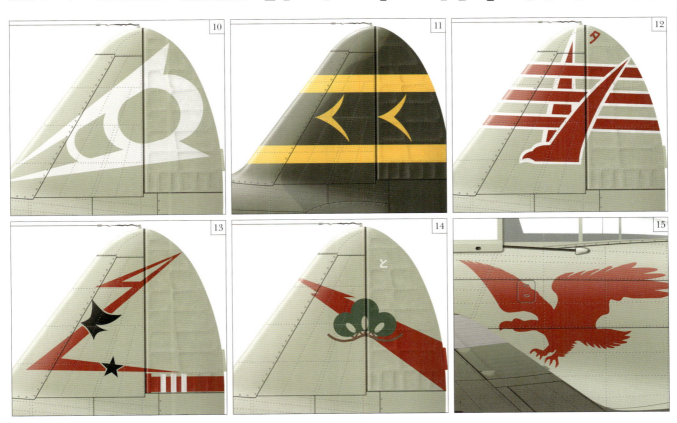

中島 キ43 一式戦闘機 隼
Nakajima Ki-43 "Oscar"

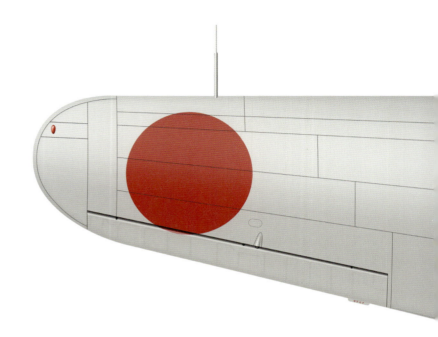

　戦中、日本陸海軍の戦闘機といえば老若男女誰もが"隼"の名を口にするのは当たり前で、同名映画とともに流行した『加藤隼戦闘隊』の主題歌が現在も歌い継がれているのは周知のとおりだ（海軍の零式艦上戦闘機が"ゼロ戦"の名で広く知られるようになるのは戦後になってから）。

　隼ことキ43 一式戦闘機の試作がはじまった当時は、まさに「できる兄貴分」九七式戦闘機がノモンハンに、大陸の空にと活躍していた頃で、それが本機の開発を大きく阻んだことは皮肉に過ぎた。

　日本陸軍の軽戦至上主義は、九六艦戦から零戦に代替わりする時の様子とは異なり、ノモンハン事変の後期に降下一撃離脱戦法をとるソ連戦闘機や、7.7mm機銃では容易に撃墜することのできないソ連爆撃機に手をこまねいたことさえ忘れ、キ43をお蔵入りにするほど重度の症状であった。

　糸川英夫技師の開発した蝶型フラップの採用などで息を吹き返したかのように見えたキ43が、最終的に大きく羽ばたくことができるようになったのは、きたる大東亜戦で敵地奥深くへ進行するための航続力が、九七戦では充分に確保できないと判断されたからだというからその定見の低さに驚かされる。

　昭和16年5月にようやく一式戦闘機として制式兵器となったキ43は急ピッチで生産が急がれたが、12月8日の開戦の時点でわずかに50機あまりが、名門飛行第64戦隊と飛行第59戦隊に供給されただけであった。その後も生産を拡充され、2翅プロペラが古めかしく12.7mm機関砲1門と7.7mm機関銃1挺しか武装がない1型（ハ25エンジン搭載）から、12.7mm機関砲を2門として最高速度も向上した2型（ハ115エンジン搭載）、さらに水メタノール噴射を採用したハ115-2に換装した3型が登場。本家中島飛行機だけでなく立川飛行機でもライセンス生産され（中島は四式戦の生産に注力するため、3型の試作のみ行ない、生産は立川飛行機で行なわれた。）、最終的な生産機数は5700機を超えている。

　九七戦に次いで長く、広範囲に使用された一式戦の塗装例を見てみよう。

Imperial
Japanese Army
Air Service illustrated
Fighters Edition.

Nakajima Ki-43"Oscar"

中島 キ43 一式戦闘機 隼

中島 一式戦闘機上面塗装例

九七式戦闘機の弟分として、太平洋戦争の開戦によってようやく日の当たる場所にでることができた一式戦闘機は全面無塗装銀のまま、操縦席前方からカウリング上面にわたってアンチグレア〜反射よけ〜黒塗装がされているのがロールアウト状態だ。陸軍戦闘機はこの一式戦以降、無塗装銀仕上げが標準的なものになっていく。一式戦も太平洋戦争開戦後の昭和17年中頃までは胴体の日の丸は付けておらず、国籍標識は主翼上下面のみであったが、日本陸海軍が入り乱れた戦域では敵味方識別に苦労したという。図は一式戦の標準的な上面塗装例

中島 キ43 一式戦闘機 隼

中島 キ-43 一式戦闘機1型
1942年10月 ハノイ 仏印 飛行第1戦隊 飛行第1戦隊長 武田金四郎少佐

飛行第1戦隊長である武田少佐の搭乗機については、1942年10月に仏領インドシナ（現在のベトナム）ハノイの飛行場で撮影された写真があり、それをもとに作図。方向舵は黄色の上に3本の白線が描かれている。昇降舵は黄色に塗装され、主翼、水平尾翼には放射状の白線が描かれているが、機体と主翼の繋ぎ目にはかかっていないと考えられる。戦隊長を示す白色帯はかなり太いものだ。主脚のカバーには駐機中の迷彩効果を得るために上面色が塗装され、ほかの戦隊長機に見られるようにスピナーは白く塗られている

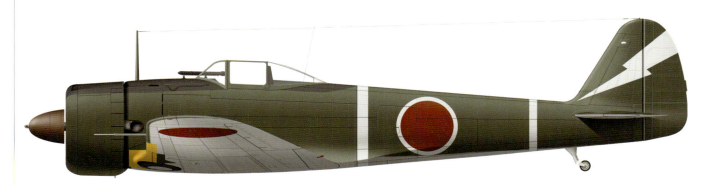

中島 キ-43 一式戦闘機1型
1943年 ツルブ飛行場 ニューブリテン島 飛行第11戦隊第1中隊長　宮森茂徳大尉

飛行第11戦隊第1中隊機である。「11」を稲妻や電光を彷彿させるよう図案化したマークがシンプルながらも特徴的で、胴体の帯は白が第1中隊、白フチ付きの赤が第2中隊、白フチ付きの黄色が第3中隊であった。昭和17年末、ラバウルに配備された11戦隊はラバウル防空、東部ニューギニア進攻、ガダルカナル島撤退支援などに敢闘したが、中隊長クラスの戦死も相次いだ

中島 キ-43 一式戦闘機1型
1942年10月ミンガラドン飛行場 ビルマ 飛行第11戦隊 飛行第11戦隊長 杉浦勝次少佐

この機体の写真は確認できないため、各種文献のイラストなどをもとに作図。機体の塗装は濃緑色とする説もあるが、考証協力をいただいたライフライクデカールの説明に準じて茶褐色との迷彩とした。戦隊マークは尾翼の電光マークであるが、この機体は各中隊の色である白赤黄で描かれているとされている。胴体の帯は戦隊長マークで多くのイラストが2本としているのでそのようにしたが、幅の広い1本の可能性もある。杉浦少佐は1942年3月から11戦隊を指揮し、その後1943年2月転戦先のニューギニアで戦死した

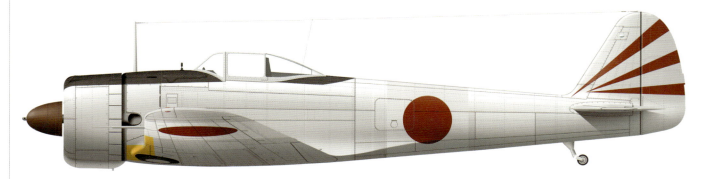

中島 キ-43 一式戦闘機1型
1944年 調布飛行場 東京都 飛行第18戦隊

三式戦闘機飛燕で編成された飛行第18戦隊には、訓練や標的曳航などの補助的任務に使用する目的で、一式戦闘機1型が配置されていたことが写真から確認できる。写真に写っている主翼部分の日の丸に防空部隊を示す白帯が描かれていることから胴体の日の丸にも白帯があるとして作図。この機体は実戦に使用される機体ではないので、照準眼鏡は外されている。同時に機首の機銃も撤去されていると共に、この場合は機銃発射口も塞がれていると考えられる。写真から翼前縁に描かれた敵味方識別帯の存在も確認できた

中島 キ-43 一式戦闘機1型
1943年秋 中国 飛行第25戦隊第3中隊

中支方面で力闘した飛行第25戦隊の第3中隊機。シンプルな中隊マークは白が第1、白フチの赤が第2、白フチの黄色が第3中隊である。飛行25第戦隊は2型に改変する際、マークを垂直尾翼前縁と平行した斜めのラインに改めている。なお2型は1型同様に工場完成時は無塗装で、迷彩などは現地で施すのが通例であった

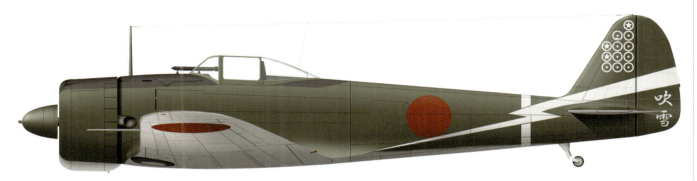

中島 キ-43 一式戦闘機1型
1943年1月 トングー飛行場 ビルマ 飛行第50戦隊第3中隊 穴吹 智軍曹

杉浦少佐機と同様、この機体の写真も公表されていないので、参考資料のイラストをもとに作図。50戦隊は1942年2月にそれまでの九七式戦闘機から一式戦闘機に改変されたが、垂直尾翼から主翼フィレット部に描かれた電光マークは引き続き使用された。この時期、50戦隊機の胴体には比較的小さな日の丸が描かれているので、この機もそれにならった。穴吹軍曹は機体の固有名「吹雪」という機体を3機使用したとされているが、この機体は1943年1月23日、中崎中尉が搭乗し空中戦時に被弾、敵艦船に体当たりして失われてしまった

中島 キ-43 一式戦闘機1型
1942年12月15日 ビルマ 飛行第50戦隊第2中隊 小谷川 親曹長

小谷川曹長が搭乗する機体固有名「孝」。この機体は1942年12月15日当時のインド東部チッタゴン攻撃に参加し撃墜された機体である。胴体の50戦隊マークとカウリングの先端は黄色とした。スピナーは写真から機体色と同じような暗さと見て取れたので、機体上面色とし、固有名「孝」と胴体の帯は白とした。機体塗装には一部を除いて剥離はほとんどない。剥離している部分は被撃墜時に剥離したのかすでに剥離していたかは不明なので、剥離状態は再現していない。日の丸には太めのフチが付けられている

中島 キ-43 一式戦闘機1型
1943年1月 トングー飛行場 ビルマ 飛行第50戦隊 戦隊長 石川 正少佐

この機体は写真が公表されており、それをもとに作図。戦隊本部機を示す戦隊マークは白フチ付青で描かれ、尾翼部分は立ちあがっている。同じく青で塗装されたスピナーには細い線または塗り残しがあり、方向舵は白である。機体上面色は操縦席側面を中心に剥離している。また、主翼前縁では上面色が下面まで回り込んでおり、敵味方識別帯の幅は広い。主脚カバーは下面色に塗られているが、多くの部分が識別帯に覆われている。本機が装備する初期の増槽は金属製で自然に酸化され灰色であるとの説に従って作図した

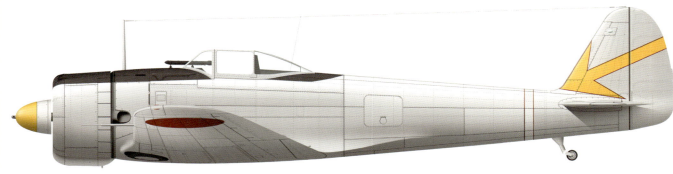

中島 キ-43 一式戦闘機1型
1941年秋 福生飛行場 東京都 飛行第64戦隊第3中隊

64戦隊は九七式戦闘機でノモンハン事件を戦った後、1941年8月以降、59戦隊に次いで、中隊毎に一式戦闘機への機種改変作業を福生にて実施した。イラストは第3中隊に所属する機体で、スピナー前部は中隊色の黄色、垂直尾翼には同じく中隊色の黄色に赤フチ付きの戦隊マークが描かれている。胴体に描かれている外征部隊を示す白帯にも細い赤フチが描かれている。まだこの時期には迷彩は導入されておらず、機体はジュラルミンのままである。この時期にはまだ胴体の日の丸や主翼前縁の敵味方識別帯は描かれていない

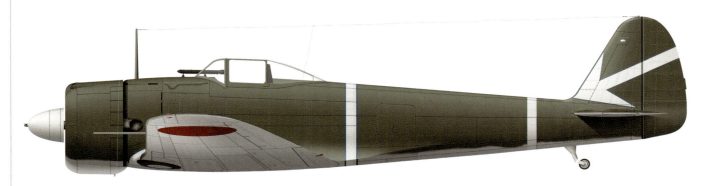

中島 キ-43 一式戦闘機1型
1942年2月 パレンバン飛行場 スマトラ 飛行第64戦隊 戦隊長 加藤建夫少佐

飛行第64戦隊は開戦とともにマレー、シンガポール、パレンバンと転戦した。この時期、戦隊長であった加藤少佐が搭乗していた機体で、不鮮明ながら写真があり、それをもとに作図した。スピナーは白、垂直尾翼の戦隊マークも白で描かれ、戦隊本部色の青でフチ取りがされている。操縦席後方には戦隊長を示す青フチ付き白帯が描かれている。主翼上面には青縁付き白斜め線が描かれており、写真を見ると主翼と胴体の接合部まで白線が回り込んでいるように見える。胴体の外征部隊を示す白帯にはフチがないとされているのでそれに従った

中島 キ-43 一式戦闘機1型
1942年11月 ミンガラドン飛行場 ビルマ 飛行第64戦隊第2中隊 中村三郎中尉

第2中隊の第3編隊長であった中村中尉(当時)が中隊長代理を務めていた時期の機体である。現存する機体後部の鮮明な写真からは、胴体の日の丸には細いフチがあり、主翼上面の日の丸にはフチが無いことが確認できる。胴体後部には白フチ付き黄色帯が描かれ、戦隊マークは中隊色の赤に白フチが付いているほか、外征部隊帯の中央には赤い線が描かれているように見える。1944年10月連合軍機との戦闘で戦死する中村大尉については、大日本絵画刊「捨身必殺 飛行第64戦隊と中村三郎大尉」に詳しく取り上げられている

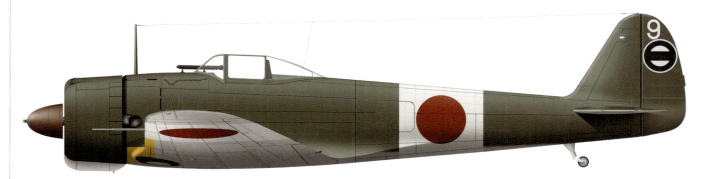

中島 キ-43 一式戦闘機1型
1944年 熊谷飛行場 埼玉県 熊谷陸軍飛行学校

熊谷陸軍飛行学校の1型。日の丸の周囲には防空部隊を表す白く太い帯が記されており、飛行学校の教官らを防空部隊とした1944年6月以降の塗装と推測できる。ちなみに防空部隊の熊谷飛行学校機の2型には、上面を濃緑色とした機体もあった。熊谷飛行学校は1945年2月、第52航空師団に組み込まれるかたちで閉鎖となった

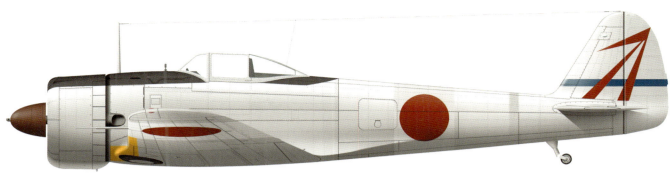

中島 キ-43 一式戦闘機1型
1944年1月 調布飛行場 東京 第17飛行師団司令部

第17飛行団司令部付飛行班の1型。「17」を図案化したマークがカラフルだ。この機体は第17飛行師団に所属する戦闘機操縦が可能な参謀や要員の移動用に使用するため持っていた機体で、非戦闘用である。そのため、照準器も外されている

中島 キ-43 一式戦闘機1型
1945年以降 中国 国民革命軍空軍第6飛行隊

1945年8月戦争終結後に国民党政権の国民革命軍空軍第6飛行隊が運用したとされる機体で、鮮明なカラー写真がありそれをもとに作図。塗装色は米軍の規格に近い色に塗られている。カラー写真を見ると脚カバーも上面色に塗られていることがわかる

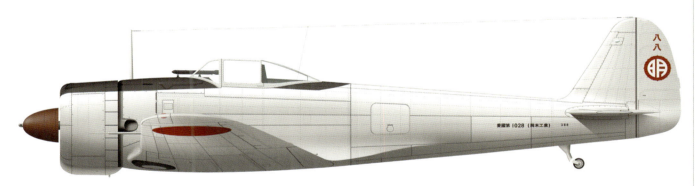

中島 キ-43 一式戦闘機1型
1942年春 明野飛行場 三重県 明野陸軍飛行学校

1942年春に撮影された陸軍明野飛行学校所属の愛国第1028 岡本工業号である。機体は無塗装であり、当時はまだ胴体に「日の丸」の国籍標識は導入されていない。この機体は鮮明な写真から、製造番号が388号であることが確認できる。方向舵には、八咫鏡に明野の「明」の字を組み合わせた明野飛行学校のマークが描かれており、その上に描かれている八八は製造番号の下2桁である。操縦席の前方にある膨らみは、12.7mm機銃搭載に必要なスペースを確保するため

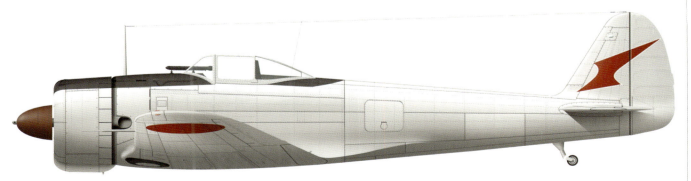

中島 キ-43 一式戦闘機1型
1942年5月 明野飛行場 三重県 飛行第24戦隊第2中隊

九七式戦闘機を装備してノモンハン事件でも活躍した飛行第24戦隊は、太平洋戦争開戦時も九七式戦闘機装備で南方作戦に従事、1942年4月三重県明野で一式戦闘機に機種改変後は満州、中国南部、スマトラ島パレンバンなどで戦った。図は機種改変直後に撮影された写真をもとに作図。この当時、陸軍機には胴体に日の丸の国籍標識は描かれていない。尾翼に描かれた戦隊の標識はごらんのように「24」を図案化したもので、この機体は第2中隊所属なので白フチ付き赤で描かれている。主翼前縁の敵味方識別帯は導入されていない

Imperial Japanese Army Air Service illustrated Fighters Edition.
Nakajima Ki-43 "Oscar"

中島 キ43 一式戦闘機 隼

中島 キ-43 一式戦闘機1型
1943年夏 調布飛行場 東京都 独立飛行第47中隊

二式単座戦闘機「鐘馗」で編成された独立飛行第47中隊には標的曳航などに使用するための一式戦1型が配属されていた。図の機体は複数の写真があり、胴体側面の塗装の剥離具合がよくわかるのがおもしろい。胴体の日の丸に付く防空部隊白帯は、3点姿勢で記入されたためか機軸に対してやや前傾して描かれている。また、胴体の細めの3本帯は前から赤、青、白とされている。実戦に使用する機体ではないので、機銃は装備されず銃口も塞がれており、照準器も取り外している

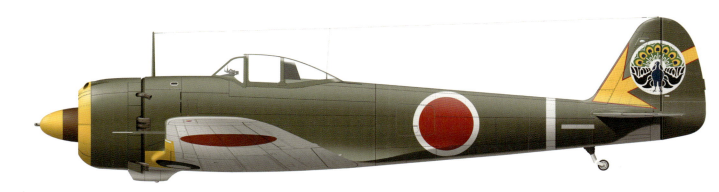

中島 キ-43 一式戦闘機2型
1944年8月 ミンガラドン飛行場 ビルマ 飛行第64戦隊第3中隊

飛行第64戦隊第3中隊に所属する2型改のこの機体は、1944年8月にラングーン、ミンガラドン飛行場での愛国号献納式で撮影された写真があり、それをもとに作図。少なくとも3機の愛国号が献納されており、その内1機はビルマ在留邦人の献金によるもので尾翼にクジャクのマークがなく、ほかの2機は尾翼にクジャクのマークがあり、ビルマ政府（バー・モウ政権）から寄贈されたものである。胴体の愛国号番号等を記入する部分には上面塗装がない。第3中隊を示す黄色の塗装が、スピナー前部、カウリング前縁に施されている

中島 キ-43 一式戦闘機2型改
1944年末 北伊勢飛行場 三重県 飛行第102戦隊第2中隊

4式戦闘機で編成された飛行第102戦隊で訓練用などの目的で保有されていた一式戦闘機である。エンジンカウリング部の上面色塗装の塗りわけ面が一般の場合よりも高い位置で終了している。戦隊マークが赤色で施されていることから第2中隊所属機であると考えられる。スピナーの先端部に白色塗装が施されている

中島 キ-43 一式戦闘機2型
1944年11月 台湾 飛行第20戦隊

飛行第20戦隊は伊丹飛行場を基地に1943年12月、阪神地区の防空任務を目的に編成された。その後は千島列島や台湾方面へ移動、フィリピン航空戦に参加、被害を蒙り台湾に後退して戦力の回復を実施しつつ、台湾の防空に従事した。機体はその時期の姿を示している。写真は確認されていないが、第20戦隊では台湾付近での海上作戦を考慮し、海の色に溶け込むよう紺色に塗られていたとされている。著者が中学生時代、すでに航空書籍には紺色塗装が紹介されていた

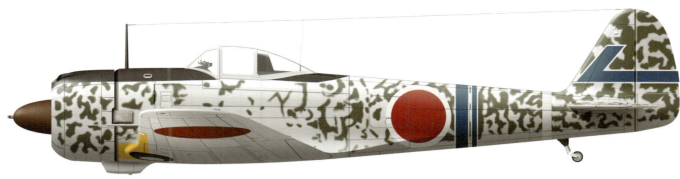

中島 キ-43 一式戦闘機2型
1944年4月 ホーランディア飛行場 ニューギニア 飛行第77戦隊第2中隊（中隊長機）

飛行第77戦隊第2中隊所属の二型後期後型で胴体日の丸後方の青帯から中隊長機と考えられる。基地を占領した米軍が撮影した写真があり、それをもとに作図。失われたエンジンカウリング、方向舵部分の塗装は不明であるが、残存部分の迷彩パターンを参考にした。飛行第77戦隊は、日中戦争初期より95式戦、97式戦を使用していたが、当時の戦隊マークは図案化した7をふたつ描いていた。一式戦に機種改変後は7の図案化ひとつとなった。1944年1月からニューギニア戦に投入され壊滅した

中島 キ-43 一式戦闘機2型
1944年 メイッティーラ飛行場 ビルマ 飛行第204戦隊 戦隊長 相沢寅四郎少佐

飛行第204戦隊所属の2型前期後型で戦隊長相沢少佐の搭乗機とされている機体である。すでに204戦隊がタイに移動していた1944年8月、ビルマに遺棄されていた状態の写真がある。胴体の黄色3本の帯が戦隊長機と考えられるゆえんだ。垂直尾翼前縁には204戦隊の戦隊マークとして中央に黄色フチ付赤帯、その上下に白帯が描かれている。胴体上面は濃緑色で塗られているが、操縦席側面をはじめ各部に剥離がある。204戦隊の標識は部隊編成地である鎮西（満州）にちなみ、鎮西八郎為朝の矢羽根を図案化したものとされている

中島 キ-43 一式戦闘機2型
1944年4月 マダン近郊 ニューギニア 飛行第248戦隊第1中隊

飛行第248戦隊所属の2型後期後型の機体である。マダン近郊アレキシス飛行場に遺棄された機体の写真があり、それをもとに作図。損傷の大きな機体であるが、胴体上面が濃緑色で塗られていること、垂直尾翼に白で248戦隊の標識が描かれていることがわかる。戦隊標識は部隊の編成地近くの福岡県遠賀郡芦屋町にちなみ「芦」の葉2枚を組み合わせたもので、248を示す、2枚、4枚、8枚となっている。このマークは相似形型紙で描いたのではなく、それぞれの形状が異なっている。なお、第2中隊の戦隊標識は赤、第3中隊は黄となっている

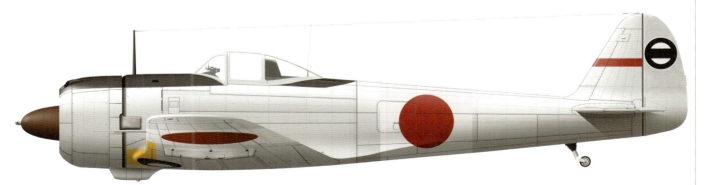

中島 キ-43 一式戦闘機2型
1944年 熊谷飛行場 埼玉県 熊谷飛行学校

昭和10年、埼玉県熊谷に開設された熊谷陸軍飛行学校で使用された2型乙。陸軍機は昭和初期から全面灰緑色が標準とされたが、隼の登場を契機に戦闘機はジュラルミン地肌、銀のまま として戦場に応じて塗装を施す例もみられるようになった。図は銀のままだが補助翼は昇降舵など羽布張り部を灰緑色に塗装した例もある。

中島 キ43 一式戦闘機 隼

Imperial Japanese Army Air Service Illustrated Fighters Edition.
Nakajima Ki-43 "Oscar"

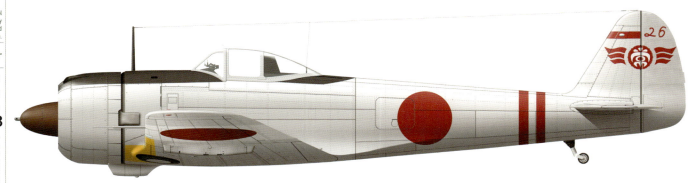

中島 キ-43 一式戦闘機2型
1944年末 水戸飛行場 茨城県 常陸教導飛行師団 小松 剛少尉

常陸教導飛行師団所属の2型後期後型であるこの機体については、1944年末に水戸飛行場（ひたちなか市）で撮影された写真があり、それをもとに作図。無塗装銀色の機体に赤で戦隊標識、機番、胴体には2本の帯が描かれている。主翼上面の防空部隊識別用白帯はあるが、胴体の日の丸には白帯がないように見える。写真では主翼下にある増槽懸架ラックの有無は確認できない。部隊標識は、常陸教導飛行師団の前身が明野飛行学校水戸分校であるため、明野教導飛行師団の標識中央にある「明」の字を「常」の字に変えたものである

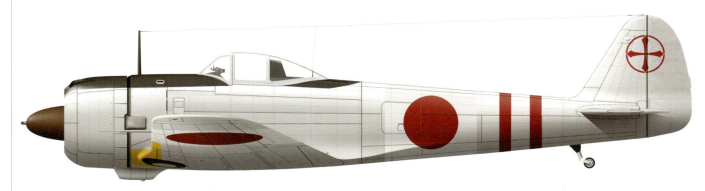

中島 キ-43 一式戦闘機2型
1944年10月 鉾田飛行場 茨城県 鉾田教導飛行師団

茨城県の鉾田陸軍飛行学校で使用の2型乙。開設は1940年の静岡だが、翌1941年に茨城県へと移転した。本土防空任務機を示す日の丸の周囲の白い帯は1944年3月、飛行学校の防空戦闘隊への移行が企図されたことによる。部隊マークは鉾を4本田の字に並べたもの。同年6月には鉾田教導飛行師団として教育と戦闘を行なう組織となっている

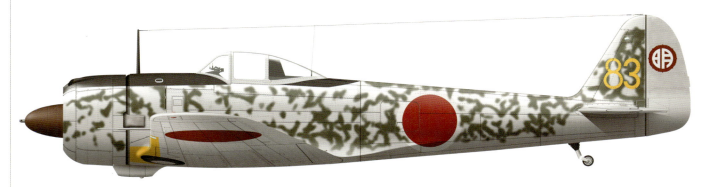

中島 キ-43 一式戦闘機2型
1945年3月 明野飛行場 三重県 明野教導飛行師団

明野教導飛行師団に所属する2型後期後型、機番83号機を撮影した写真をもとに作図。無塗装銀色の機体に濃緑色の斑点迷彩が施されており、胴体の「日の丸」白フチにも迷彩がかかっている。方向舵は他機の部品で修理されたためか、部隊標識は描かれているが、迷彩は施されていない。垂直尾翼には黄色で機番83が描かれている。教導飛行師団は1944年6月20日、それまでの教育機関であった陸軍飛行学校に所属する錬度の高い教官・助教に本土防空任務を兼務させるため学校組織を廃止し、実戦部隊として設置された

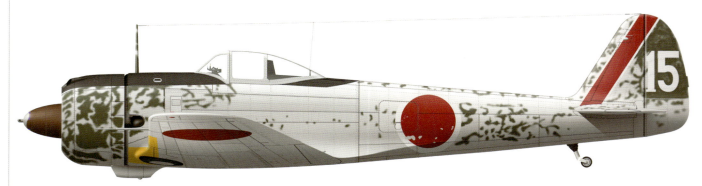

中島 キ-43 一式戦闘機2型
1943年夏 南京 中国 飛行第25戦隊第2中隊 大竹久四郎曹長

飛行第25戦隊第2中隊所属の隼二型後期前型、機番15号機をほぼ真横から撮影した写真をもとに作図。2型後期型ではカウリングが再設計され、前面の開口部が小さくなり、丸味のある洗練されたデザインとなった。後期型には、本機の様に集合排気管付きの前型と推力式集合排気管に改めた後型がある。この機体は金属無塗装面に濃緑色の斑点迷彩を施されていたが、胴体部分は剥離したようだ。尾翼に大きく描かれている15は機体固有の番号で、製造番号の下2桁には関係なく、任意の番号が与えられているようだ

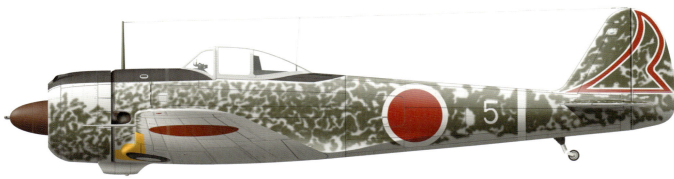

中島 キ-43 一式戦闘機2型
1944年4月 ホーランディア飛行場 ニューギニア 飛行第33戦隊第3中隊

飛行第33戦隊は1942年5月に機材を隼1型に転換、さらに1943年には2型に機種転換し、同年10月まで引き続き中国戦線に従事した。以降、短期間に蘭印、ビルマ、タイと移動したのち、1944年2月には末期的段階のニューギニア戦線に移動したが、4月には壊滅的被害を受けマニラに後退した。この機体はその頃ニューギニア島ホーランディアに遺棄された機体で、無塗装金属面に濃緑色の斑点迷彩が施され、胴体の国籍標識後方に機体番号5が描かれている。垂直尾翼には幅の広い白フチ付き戦隊標識が中隊色で描かれている

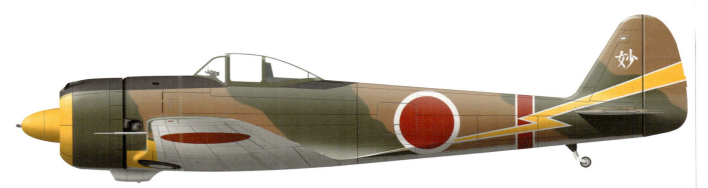

中島 キ-43 一式戦闘機2型
1943年3月 トングー飛行場 ビルマ 飛行第50戦隊第2中隊 宮丸正雄大尉

飛行第50戦隊は1943年3月下旬までに機材を隼2型に転換、戦力を回復し、以後、雨期に入る6月に休養と戦力回復のためビルマを離れた。当時第2中隊長であった宮丸大尉が8月に明野飛行学校教官として転出する際に撮られた写真に、この機体が写っている。塗装は濃緑色と茶褐色に塗り分けられた迷彩に白フチ付黄色の戦隊標識が描かれている。写真では垂直尾翼は写っていないが、他の資料に妙の字が描かれているとされているので、それに従った。写真を見る限り無線アンテナは見当たらないので、イラストにも描いていない

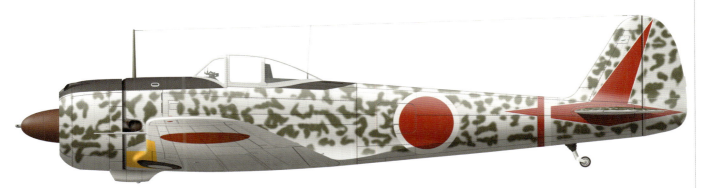

中島 キ-43 一式戦闘機2型
1943年末 柏原飛行場 幌筵島 北千島 飛行第54戦隊第3中隊 杉本 明曹長

飛行第54戦隊第3中隊所属の隼2型である本機の写真は機首部分が不明のため、同じ中隊の輿石大尉機と同様の2型後期前型として作図したが、2型前期後型の可能性もある。54戦隊は97式戦闘機から1943年2〜3月に隼2型に機種転換がなされ、その後7月に北千島幌筵島柏原（北ノ台）に移動した。無塗装金属面の上に濃緑色の斑点迷彩塗装を施し、戦隊標識を中隊色である赤色で描いている。杉本曹長は1944年、フィリピンに移動後、米陸軍第2位38機撃墜のエース、トーマス・マクガイア少佐を撃墜した

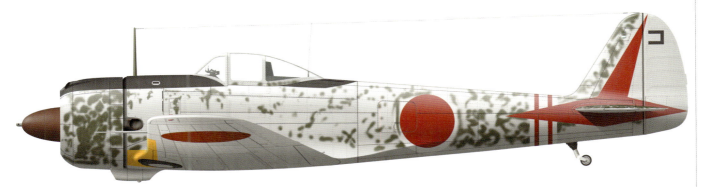

中島 キ-43 一式戦闘機2型
1944年春 柏原飛行場 幌筵島 北千島 飛行第54戦隊第3中隊 中隊長 輿石 九大尉

本機は飛行第54戦隊第3中隊長輿石 九大尉の搭乗機である隼2型後期前型である。この機体のほぼ全体がわかる写真があり、それをもとに作図。無塗装金属面に濃緑色の斑点迷彩が施されているが、胴体部は剥離したのかまばらになっている。胴体の白帯に細い赤い帯が2本描かれており、中隊長機を示しているのだろう。また、同じ中隊の杉本曹長機は白帯に赤帯が1本なので小隊長を示していると考えられる。輿石大尉機の方向舵には片仮名でコの字が描かれており、陸軍機の場合の例からパイロットを示していると考えられる

Imperial Japanese Army Air Service illustrated Fighters Edition.

Nakajima Ki-43 "Oscar"

中島 キ43 一式戦闘機 隼

中島 キ-43 一式戦闘機2型
1944年4月 ホーランディア飛行場 ニューギニア 飛行第77戦隊第1中隊

本機は飛行第77戦隊第1中隊所属の隼2型後期前型である。ホーランディアに遺棄されたこの機体のほぼ全体がわかる写真があり、それをもとに作図。写真を見ると本機の迷彩塗装には明暗2色が用いられていたことがわかり、茶褐色地に濃緑色の斑点迷彩と判断。この機体には無線アンテナ類は見当たらない。方向舵には片仮名のワと思われる文字が描かれており、陸軍機の例から考えるとパイロットを示していると考えられる（「7」の可能性もある）。垂直尾翼には7を図案化した戦隊標識が中隊色の白色（青フチ付）で描かれている

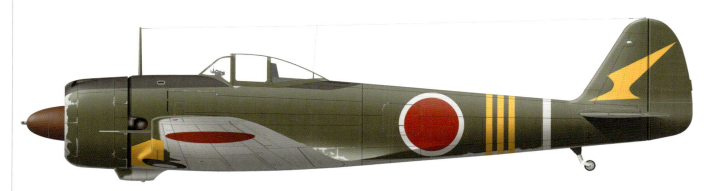

機体名：中島 キ-43 一式戦闘機2型
1943年5月 パレンバン飛行場 スマトラ 飛行第24戦隊第3中隊 久保幸夫大尉

飛行第24戦隊第3中隊、久保幸夫大尉機。九七式戦闘機使用時は横帯の部隊マークだったが、一式戦の改変を機会に「24」を図案化したデザインとなった。胴体に描かれた3本の黄色い線は第3中隊を示し、第1中隊が白、第2中隊が赤となる。イラストは2型に改変して間もない時期で、戦隊主力はパレンバンを経由して激戦場となるニューギニアへ向かっている

中島 キ-43 一式戦闘機2型
1943年夏 南京 中国 飛行第25戦隊第2中隊 中隊長 尾崎中和大尉

飛行第25戦隊第2中隊所属の2型前期後型で中隊長尾崎大尉の搭乗機とされている機体の写真をもとに作図。機体は濃緑色で塗られているが剥離が甚だしい。垂直尾翼には中隊色である赤に白フチ付の戦隊標識が描かれている。中隊長を示すためか、胴体には白帯ではなく白フチ付赤色帯が描かれている。二型前期型のカウリングは直線的構成になっており、前方開口部は後期のものに比べて広い。前期後型からカウリング内オイル冷却器は外され、機首下のオイル冷却器は大型化された。主脚カバーへの上面色塗装は施されていない

中島 キ-43 一式戦闘機2型
1943年夏 橿原飛行場 幌筵島 北千島 飛行第54戦隊第2中隊

北千島、幌筵島柏原（北ノ台）飛行場で撮影された飛行第54戦隊第2中隊所属2型前期後型の写真をもとに作図。無塗装面に濃緑色の比較的大きな斑点迷彩が施されている。戦隊標識は中隊色の黄色で描かれており、製造番号が書かれている部分のみ塗装されていないことが写真からわかるが、残念ながら製造番号は判読できないため、イラストでは空白とした。スピナーの前半分は中隊色の黄色で塗装されている。風防枠は暗い色に見えるので、濃緑色で塗装されていると考え作図。脚カバーへの迷彩は施されていない

Imperial Japanese Army Air Service illustrated Fighters Edition.

Nakajima Ki-43 "Oscar"

中島 キ 43 一式戦闘機 隼

中島 キ-43 一式戦闘機2型
1943年11月〜12月 ブーツ東飛行場 ニューギニア 飛行第59戦隊本部付 南郷茂男大尉

製造番号6010の隼2型前期後型であるこの機体は飛行第59戦隊本部付であった南郷茂男大尉が1943年11月〜12月頃、ニューギニア島ブーツ東飛行場を基地に活動していた時期の搭乗機である。写真を見ると機体には無線アンテナがなく、無線関係の機材が撤去されていたと考えられる。機体は濃緑色の塗装、垂直尾翼に白フチ付き赤色で戦隊標識が、水平尾翼上面にも白フチ付赤帯が描かれている。胴体には本部付先任将校機体を示すため、青色の帯が2本描かれている。また、スピナー前半分は白く塗装されている

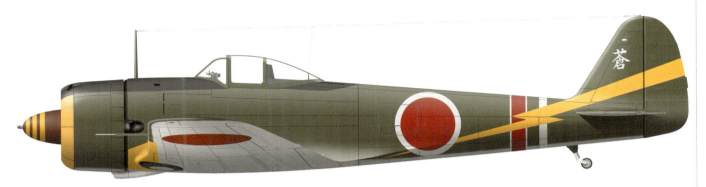

中島 キ-43 一式戦闘機2型
1943年4月 ビルマ 飛行第50戦隊第2中隊 中隊長 宮丸正雄大尉

飛行第50戦隊第2中隊所属の2型前期前型で中隊長宮丸大尉の搭乗機とされている機体の機首部写真をもとに作図。カウリング前端部は第2中隊を示す黄色で塗装してあり、スピナーには細い黄色帯が描かれている。別の資料より尾翼には「蒼」の文字が描かれているほか、この時期の50戦隊のマーキングと同様と考え戦隊標識は黄色、胴体には白の外征部隊帯と白縁付き赤の中隊長を示す帯が描かれているとした。機首部写真から、カウリング内部に環状オイル冷却器の存在が確認でき、二型前期前型であることがわかる

中島 キ-43 一式戦闘機2型
1943年2〜3月 ビルマ 飛行第64戦隊第2中隊

1943年2月から3月頃ビルマに駐留していた飛行第64戦隊の所属機で戦隊マークが白フチ付赤で描かれていることから第2中隊所属機と考えられる。この機体も含めてこの時期の64戦隊所属機は上面の濃緑色がかなり低い位置まで塗られている。同時期の64戦隊と同様に脚カバーも上面色に塗られている

中島 キ-43 一式戦闘機2型
1943年 ビルマ 飛行第64戦隊第3中隊 不明(中隊長)

ビルマ駐留の飛行第64戦隊第3中隊所属の2型前期前型でカウリング内の環状オイル冷却に加えて、機首下部に小型のオイル冷却器を追加している。濃緑色で塗装された機体の垂直尾翼側面には黄色の戦隊標識を描き、胴体の日の丸を斜めに貫く黄色（白の可能性もあり）の帯が描かれていることから、中隊長機と考えられる。1943年当時、黒江大尉、遠藤大尉、檜大尉が64戦隊第3中隊長であり、いずれかの搭乗機だろう。脚カバーは駐機中の迷彩効果のため濃緑色が塗られている。気流の影響か、カウリング前面の塗装は剥がれている

中島 キ43 一式戦闘機 隼

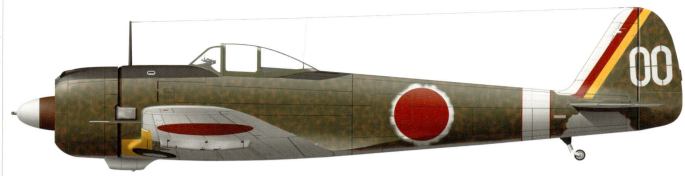

中島 キ-43 一式戦闘機2型
1944年春 漢口飛行場 中国 飛行第25戦隊 戦隊長 坂川敏雄少佐

1944年春に漢口飛行場において、飛行第25戦隊長であった坂川敏雄少佐が操縦しているとされる機体の写真をもとに作図。垂直尾翼にはステンシルタイプの書体で「00」の機番が描かれ、前縁には、各中隊色である白赤黄3色の帯が描かれている。機番「00」や中隊色3色帯は戦隊長機に用意されたと考えられる。胴体塗装は茶褐色の濃密な斑点または、全面塗装の上に濃緑色の斑点迷彩が施されていたとして描いた。この機体では操縦席後方の頭部保護構造物は取り除かれている。主翼下には増槽用のラックが取りつけられている

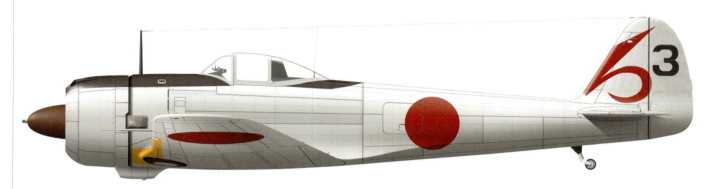

中島 キ-43 一式戦闘機2型
1944年9月 小牧飛行場 愛知県 飛行第55戦隊 遠田美穂少尉

飛行第55戦隊に所属する2型後期型のこの機体が、小牧飛行場に胴体着陸した際の写真があり、それをもとに作図。55戦隊は三式戦飛燕装備の部隊であるが、訓練用の隼を数機保有しており、そのうちの1機がこの機体である。集合式推力排気管を持つこのタイプの機体を2型後期型とする。55戦隊のマークは赤、方向舵の機番号3は黒縁つきの赤のように見える。搭乗員の遠田少尉は、後にB-29迎撃戦に参加し、確実撃墜1機に、不確実および撃破3～4機を記録したとされている

中島 キ-43 一式戦闘機2型
1944年春 アタペイ飛行場 ニューギニア 飛行第63戦隊第1中隊

この機体は、飛行第63戦隊所属の2型後期型で、赤フチ付白色の戦隊マークから、第1中隊所属とされている。63戦隊は1943年2月編成の後、7月には千島列島へ移動、12月にはニューギニアへ移動した。1944年1月から奮戦するも、4月には壊滅状態になった。垂直尾翼に描かれている戦隊マークは63を図案化したもので、第1中隊以外は、第2中隊白フチ付赤、第3中隊赤縁付黄とされている。この機体の写真は遺棄されて損傷を受けた状態。全体が暗緑色にて塗装されていたことが推定できる

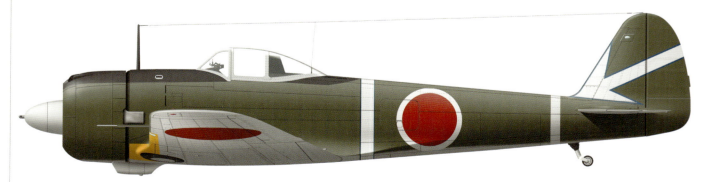

中島 キ-43 一式戦闘機2型
1944年 ミンガラドン飛行場 ビルマ 飛行第64戦隊長 江藤豊喜少佐

飛行第64戦隊機としてはオーソドックスな、青フチの付いた白い矢印を尾翼に、戦隊長を示す太い帯が胴体中央に描かれる。第8代目戦隊長、江藤豊喜少佐の乗機である。64戦隊は3型への機種改変を昭和19年夏と予定していたが、実際は秋以降、戦場への補充を兼ねるかたちで逐次行なわれた

Imperial Japanese Army Air Service illustrated Fighters Edition.

Nakajima Ki-43 "Oscar"

中島 キ43 一式戦闘機 隼

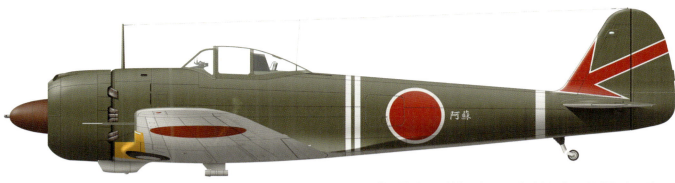

中島 キ-43 一式戦闘機3型
1944年末 ビルマ 飛行第64戦隊 飛行隊長 宮辺英夫大尉

飛行第64戦隊所属のこの機体は写真があり、それをもとに作図。飛行隊長の宮辺大尉は、就任前は第2中隊長であったため、垂直尾翼の戦隊標識は白フチ付の赤で描かれている。また胴体中央部には、細い白帯が2本描かれている。この機体は3型甲でも初期に製造された機体で、推力式単排気管の上2本が1本にまとめられているほか、塗装色も3型の標準ではなく従来通りの濃緑となっている。熊本県出身の宮辺大尉にちなんでか、機体の固有名称は同県内の阿蘇とされ、その後の搭乗機も阿蘇号としている

中島 キ-43 一式戦闘機3型
1945年 泰県（泰州）飛行場 中国 飛行第48戦隊第1中隊

1945年10月頃、泰県飛行場で撮影された飛行第48戦隊第1中隊所属の3型である本機の写真をもとに作図。48戦隊は1943年7月満州で編成され、1944年4月以降中国中央部での戦闘に従事したが、1944年末には戦力の疲弊により漢口で3型へ更新、戦力回復に努めた。3型への転換時に48を図案化した戦隊標識を白く描き、スピナーの色によって中隊ごとの区別をしていたとされている。3型は黄緑7号（オリーブドラブ系の色）の上面色、灰色系の下面色で塗装されている

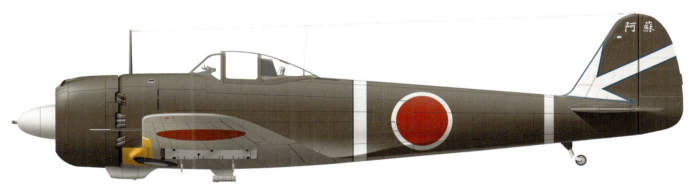

中島 キ-43 一式戦闘機3型
1945年5月 クラコール飛行場 カンボジア 飛行第64戦隊 宮辺英夫少佐

インパール作戦終了後仏印各地を後退しながら移動した後、1945年5月にカンボジアはクラコール飛行場に駐留していた時期の戦隊長宮部少佐の搭乗機である。飛行第64戦隊長機は加藤少佐から一貫して白のスピナーと白にコバルトの縁付き戦隊マークと識別帯が描かれている操縦席後部にはメタノールの注入部が設けられている

中島 キ-43 一式戦闘機3型
1945年 目達原飛行場 佐賀県 飛行第65戦隊

終戦後に佐賀県目達原飛行場で撮影された、飛行第65戦隊に所属する三型甲の写真をもとに作図。65戦隊は1938年軽爆部隊として編成され、中国、フィリピンにおいて99襲撃機で戦闘し戦力を消耗した後、隼3型甲で再編成された。隼を戦闘爆撃機として使用し、艦艇攻撃を任務としていた。戦隊標識は65を図案化したもので、軽爆時代使用していた富士山のデザインを変化させたものでもある。なお、3型では、下面を塗装し、駐機中の光の反射が低くなったためか、主翼上面色の下面への回り込みはない

041

中島 キ43 一式戦闘機 隼

Imperial Japanese Army Air Service illustrated Fighters Edition.
Nakajima Ki-43 "Oscar"

中島 キ-43 一式戦闘機3型
1945年 松山飛行場 台北 台湾 飛行第204戦隊 搭乗員不明

1945年終戦後に台湾松山（台北）飛行場で撮影された204戦隊に所属する3型甲の写真をもとに作図。2型後期後型のところで取り上げた相沢少佐機と同様の戦隊標識を尾翼前縁に描いているが赤帯の部分は少し上になっている。方向舵には機番「01」が赤縁付き黄色で描かれている。この機体の特徴は、主翼下だけでなく胴体下にも増槽・爆弾懸架ラックを取り付けており、増槽、爆弾の搭載に対するフレキシビリティーを高めている。胴体部塗装の一部は甚だしく剥離しているが、これは終戦以後に発生した剥離かもしれない

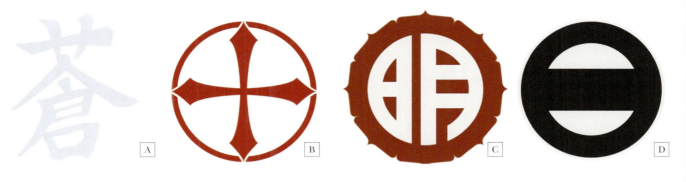

Imperial Japanese Army Air Service illustrated Fighters Edition.

Nakajima Ki-43 "Oscar"

中島キ43 一式戦闘機 隼

日本陸軍戦闘機を代表する一式戦は多くの部隊に配備され、戦隊マークも数多い。①は一式戦の代名詞たる加藤隼戦闘隊こと飛行第64戦隊第2中隊マークで、加藤戦隊長戦死後も矢印マークの精強戦隊として激闘を続けた。一式戦に限らず陸軍戦闘機の戦隊マークは番号を図案化したものが多く、②の飛行第48戦隊、⑤の同55戦隊、⑥の63戦隊などは図案化のオーソドックスな例だ。③の飛行第65戦隊は軽爆戦隊が隼戦隊となり、再編成前に描いていた富士山と65の図案化を組み合わせたユニークな例。⑨の飛行第24戦隊は九七戦の時代は2本と4本の横帯を組み合わせたシンプルなマークだったが、一式戦に改変後は「24」を図案化した、こちらもシンプルだがシャープなイメージとなった。⑦の飛行第248戦隊は編成地が芦屋近郊の雁の巣だったことにちなみ、芦の葉を2枚合わせたマークを1、2、4個ならべてそれぞれ2、4、8とした抜群のセンスが光る。しかし248戦隊に限らず、激戦地ではマークを描き入れる時間もなくマークのない機体も少なくない。②や⑥などマーク横に製造番号の下2ケタまたは3ケタを描くことも多かったが、胴体や主脚カバー、時には飛行第47戦隊の「53」号機のようにカウリング正面の下部に記した機体もあった。中隊の識別は一定の色が定められていたが、⑭の飛行第11戦隊長、杉浦勝次少佐機は「11」を図案化したマークを重ね、すべての中隊色を塗っている。識別などのため固有の名称を入れたものとしては⑮の飛行第50戦隊第3中隊、「ビルマの桃太郎」こと穴吹智軍曹の「吹雪」号が著名だ。穴吹軍曹はこの他に君子夫人にちにんだとされる「君風」号にも搭乗した。同じ50戦隊ではAが第2中隊長・宮丸正雄大尉の「蒼」号、「腕の佐々木」こと佐々木勇伍長は「鳶」号、他にも「志」「忠」「寿」「福」「朝風」「神風」などさまざまだ。隼は戦闘だけでなく訓練にも使用されたが、Bが鉾田陸軍飛行学校、Cが明野陸軍飛行学校、Dが熊谷陸軍飛行学校、Fが常陸教導飛行師団。DとFは教育部隊の教官や助教が防空戦闘に出るようになった時期のものである。他にも浜松陸軍飛行学校、太刀洗陸軍飛行学校、所沢陸軍航空整備学校などにも配備されていた。また、⑫は三式戦装備の飛行第18戦隊が訓練として使用したもの、⑬は第17飛行団司令部直属機として連絡機に使われるなど、一式戦の普及率の高さがうかがえる。Eは飛行第64戦隊第3中隊機に描かれた矢印マークとクジャクで、ビルマ政権から献納された。日本軍用機において、最も華美なマークと言えよう。在ビルマ邦人から献納された、クジャクが白と青で描かれた機体も存在する

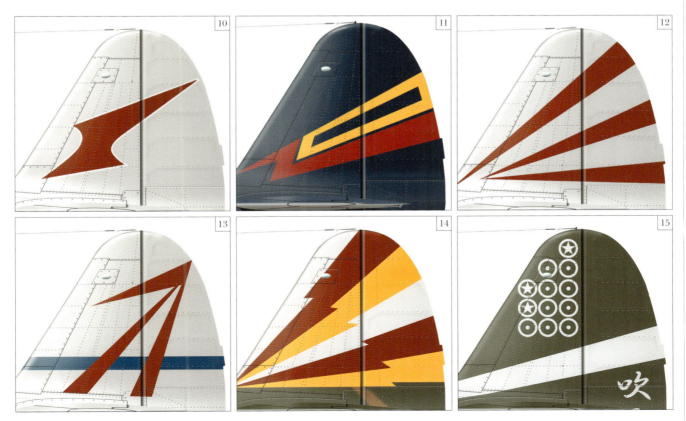

中島 キ44 二式単座戦闘機 鍾馗
Nakajima Ki-44 "Tojo"

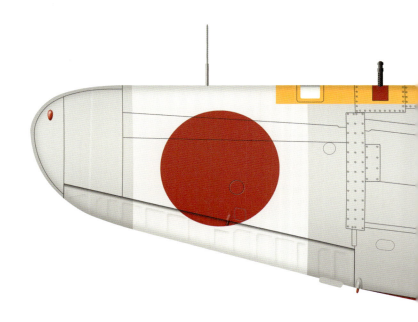

　陸軍戦闘隊の戦闘機を「軽戦」と「重戦」の二本立てで整備していこうという考えは昭和12年頃からわき起こっていたが、昭和14年のノモンハン事件を体験した現場指揮官クラスから、運動性は多少犠牲にしても重武装を持った高速戦闘機がこれからは必要なのではないかという戦訓が伝えられるにつれ、重戦開発には拍車がかけられることとなった。それは、同じ中島飛行機の設計でありながら、乞われて軽戦路線を歩み、つまずいたキ43 一式戦とは対照的であったと言わねばならない。

　大直径の大馬力エンジンを搭載した太い胴体に、申しわけ程度に翼を生やしたような姿態を持つキ44は、重戦の先例がないためキ43に遅れを取りながらの試作であったが、昭和15年には初飛行にこぎつけ、サンプルとして陸軍が購入していたメッサーシュミットBf109との模擬空戦を含む比較審査で優秀な成績を示し、同行していたドイツ空軍パイロットをして「全ての日本人パイロットがこれを乗りこなすことができたなら日本の空軍は世界一になるだろう」といわしめたほど。最大速度580km/hは当時の日本陸海軍戦闘機のなかでは最速であった。

　昭和16年12月の開戦の時点では本機の試作機、増加試作機で編成された独立飛行第47中隊が実用実験を行なうために出動。陸軍戦闘隊としてはあまり馴染みのなかった一撃離脱戦法でイギリス空軍機を蹴散らし、第二次大戦型戦闘機の足がかりを示した。

　そして昭和17年12月、エンジンをそれまでのハ41からハ109にアップデートした型式が二式単座戦闘機2型として制式化され、これにともなってそれまでのキ44を二式単座戦闘機1型（生産機数40機）と区別するようになる。

　2型になって最高速度は605km/hとなり、装備部隊も飛行第85戦隊、飛行第70戦隊のほか一式戦装備部隊へ少数機ずつ供給されるようになった。とくに本土防空戦では独飛47中隊の後身である飛行第47戦隊や明野陸軍飛行学校などの機体がインターセプターとしての本機の本領を発揮した。

　生産機数こそ1225機と少ないが、数々のバラエティに富む二式単座戦闘機の塗装例をここに紹介しよう。

Imperial Japanese Army Air Service illustrated Fighters Edition.

Nakajima Ki-44 "Tojo"

中島 キ44 二式単座戦闘機 鍾馗

中島 二式単座戦闘機上面塗装例

二式単座戦闘機も一式戦と同様、ロールアウト時は無塗装銀仕上げにアンチグレアの黒塗装といういでたちだ。ただ、生産が本格化したのが昭和17年ということもあって、量産機は胴体の日の丸を記入している。図は飛行第47戦隊の機体で、主翼前縁の黄橙色は敵味方識別のために昭和17年に制定された陸海軍機に共通の標識、主翼や胴体の日の丸の周囲を縁取る白帯は本土防空部隊の標識。風防後方の胴体上部が黒く塗装されているのは、風防を明けた時にこの部分が風防の内側に入るための反射除けの意

Imperial Japanese Army Air Service illustrated Fighters Edition.

Nakajima Ki-44 "Tojo"

中島 キ44 二式単座戦闘機 鍾馗

中島 キ-44 二式単座戦闘機2型乙
1944年11月から45年初頭 成増飛行場 東京都 飛行第47戦隊 震天制空隊 坂本 勇曹長

高高度で侵入するB-29への対抗策として飛行第47戦隊を含め関東地区の防空に当たる第10飛行師団の各隊では、戦闘機から装甲、武装などを撤去し体当りによる攻撃を実施する部隊である「震天制空隊」が編成されることになった。本機は同隊に所属する機体で、垂直尾翼を赤く塗り、胴体には戦隊名の47に因み、赤穂四十七士の筆頭である大石内蔵助の家紋「右二ツ巴」を図案化したマークを操縦席側面に描いている。搭乗員の坂本曹長は1945年1月27日、B-29に体当りの後、落下傘降下で生還している

中島 キ-44 二式単座戦闘機2型乙
1944年11月から45年初頭 成増飛行場 東京都 飛行第47戦隊 震天制空隊

脚カバーに36と描かれたこの機体は、1945年1月18日付日本ニュースで「震天制空隊」の出動シーンに列機3機とともに登場する機体である。他の3機と異なり、この機体のみ胴体には40mm機関砲装備機の1435号機と同様、赤色マークが描かれている。脚カバーの36と合わせて製造番号1436号機と推定される。照準器が外されている他、操縦席横には坂本曹長機よりは小型の右二ツ巴の部隊マークが描かれている。尾翼部分は画面には映ってないが、他の3機が通常の47戦隊マークを描いていることから本機もそれに倣って作図した

中島 キ-44 二式単座戦闘機2型乙
1944年1月 成増飛行場 東京都 飛行第47戦隊 第2中隊

1944年元旦に撮影された47戦隊第2中隊の記念写真に背景として写っている機体で、別角度の写真から製造番号が1435号と推定される。主翼には40mm機関砲が装備されていることがわかる。機首から塗られた赤いマークとは異なる色の胴体の帯は、他の機の例も参考にし、明るい青と考えた。この帯には赤の縁取りが施されている他、胴体の赤いマークとの境界や製造番号周辺は塗り残されている。垂直尾翼には赤で47戦隊のマークと製造番号下2桁の35が描かれていることが写真からわかる

中島 キ-44 二式単座戦闘機2型乙
1944年 成増飛行場 東京都 飛行第47戦隊戦隊本部

独立飛行第47中隊を基幹として編成された飛行第47戦隊は本土防空戦が本格化した頃から第1、第2、第3中隊を、士気高揚も考慮してそれぞれ旭隊、富士隊、桜隊と命名した。本機は戦隊マークが白く塗られており、戦隊本部所属機であろう。40ミリ機関砲の搭載も認められる

中島 キ-44 二式単座戦闘機2型乙
1945年1月 柏飛行場 千葉県 飛行第70戦隊 第2中隊

報道写真家・菊池俊吉氏が撮影した飛行第70戦隊の一連の写真に登場する機体である。1945年当時すでに二式戦の生産は終了しており、70戦隊の戦力充実は、他部隊からの機体の転用によらねばならなかった。図も1944年秋より機材を四式戦闘機に転換した47戦隊からの編入機である。47戦隊のマークを利用して70戦隊のマークを描いているが、布張りの方向舵上の塗装は剥離が難しいのか、黄色のマークの赤色シャドーが残されている。スピナーの前半分と垂直尾翼の上部は、赤より明るい色に塗られている

中島 キ-44 二式単座戦闘機2型甲
1944年 成増飛行場 東京都 飛行第47戦隊第1中隊

独立飛行第47中隊は1943年10月に中隊から3個中隊編成の飛行戦隊に拡充され、複数の部隊が駐屯し手狭になった調布基地から新たに造成された成増基地に移動した。飛行第47戦隊に改編されてから尾翼の部隊マークはより大型になり、戦隊本部「白」、第1中隊「青」、第2中隊「赤」、第3中隊「黄」の各色で塗装されている。この機体は中隊幹部の搭乗機のようで、胴体に黒縁付き中隊色の帯が描かれている他、スピナーの一部も中隊色で塗装されていた。戦隊標識下部に描かれた「19」の数字は、機体製造番号の下2桁を示す

中島 キ-44 二式単座戦闘機2型甲
1944年 成増飛行場 東京都 飛行第47戦隊第2中隊

垂直尾翼に赤色の戦隊マークを描いた飛行第47戦隊第2中隊所属のイラストである。胴体に白帯を描きスピナーを青に塗装していることから、中隊幹部かあるいは第2中隊長であった真崎康郎中尉の搭乗機の可能性もある。胴体に描かれた白帯の一部が欠けているのは製造番号が記入された部分で、塗装されていない。遠景写真のため製造番号を確認できないが、方向舵の下に描かれた20および機首下面に潤滑油冷却器を装備していることから、1120、1220のいずれかと考えられる

中島 キ-44 二式単座戦闘機2型甲
1944年 成増飛行場 東京都 飛行第47戦隊本部 下山登中佐

1944年時の飛行第47戦隊戦隊長、下山 登中佐の搭載機とされる機体である。胴体日の丸後部の太い白帯が戦隊長機を示す標だが、過去には機種側の青フチを描いていないイラストも発表されている

中島 キ44 二式単座戦闘機 鍾馗

Imperial Japanese Army Air Service illustrated Fighters Edition.

Nakajima Ki-44 "Tojo"

中島 キ-44 二式単座戦闘機2型甲
1944年秋 鞍山飛行場 満州 飛行第70戦隊第2中隊

マークの色から飛行第70戦隊第2中隊所属機で、胴体に描かれた細く黄色い4本の帯は、遠目からは長機標識に見える。飛行第70戦隊所属機の多くは無塗装の銀色で、本機もそのひとつ。残された写真からは方向舵や昇降舵、補助翼など羽布張り部の色調が違って見える

中島 キ-44 二式単座戦闘機2型甲
1945年1月 柏飛行場 千葉県 飛行第70戦隊第1中隊

飛行第70戦隊は1944年8月中国に進駐したB29による鞍山製鉄所空襲に備えて、千葉県松戸から鞍山（満州）に移駐したが同年11月にB29が関東地区へ侵入する状況を鑑みて帝都防衛のため内地に帰還、千葉県柏に布陣し、3個中隊編成で防空任務に就いていた。この機体は胴体に白フチ付赤帯が描かれており、中隊長などの中隊幹部の搭乗機の可能性もある。また、この帯は胴体下まで回り込んでいないことが写真からわかる。胴体側面弾丸供給扉に描かれた1213の文字から製造番号1213号機（2型甲）であることが読み取れる

中島 キ-44 二式単座戦闘機2型甲
1943年 広東 中国 飛行第85戦隊 菊川 正軍曹

1943年11月に刊行された「太平洋戦争画報」24巻（毎日新聞）に写真が掲載された菊川軍曹搭乗機のイラスト。垂直尾翼に描かれた菊に流水のマークから飛行第22戦隊機と思われることもあるが、写真の撮影された時期には飛行第22戦隊は編成されていない。この標識は搭乗員の姓である「菊川」に由来し、菊（花）と川（流水）にちなんで忠臣楠木正成の家紋を図案化したものと思われる。写真を見ると機体上面は暗緑色一色で塗装され、方向舵、白縁付胴体帯は日の丸と同じ明るさであるので赤で塗装されていたと考えられる

中島 キ-44 二式単座戦闘機2型甲
1943年12月 明野飛行場 三重県 明野飛行学校

菊池俊吉氏撮影の写真をもとに作図。次項の93号機では脚カバーにまで迷彩が施されているがこの機体にはない。93号機と同様に胴体金属面上の迷彩塗装は剥離が著しいが、方向舵面の迷彩は、下地との関係で最初に塗られた状態を保っている。訓練機材のため無線機器は取り除かれているようで、アンテナマストも空中線も取り外されている。また、本機のほかにも掲載されている明野飛行学校所属機の翼砲薬莢排出口には、薬莢回収箱が取り付けられている。薬莢回収箱の後部はメッシュ構造になっているようだ

Imperial Japanese Army Air Service illustrated Fighters Edition.

Nakajima Ki-44 "Tojo"

中島 キ44 二式単座戦闘機 鍾馗

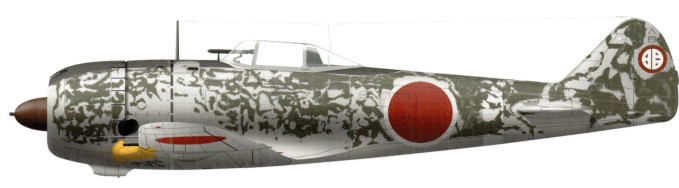

中島 キ-44 二式単座戦闘機2型甲
1943年12月 明野飛行場 三重県 明野飛行学校

菊池俊吉氏が撮影した明野陸軍飛行学校所属機の一連の写真に登場する、機体全体に迷彩が施された機体。胴体後部には白帯があり、その上から迷彩塗装が塗られている。この白帯があることから、外地で戦闘任務に従事した機体が一定の時間使用後、明野飛行学校に配属されたと考えられる。また、この機体は他機に比べて塗装の剥離が進んでいない。93号同様、この機体にも駐機中の迷彩効果を高めるため脚カバーにも迷彩塗装が施されており、脚カバーに描かれた機番の84には白縁が付いていることが右側からの写真により判明している

中島 キ-44 二式単座戦闘機2型甲
1943年12月 明野飛行場 三重県 明野飛行学校

明野飛行学校所属93号機(明野の機体は機番が脚カバーに書かれていた)。報道写真家菊池俊吉氏により撮影された明野飛行学校所属機の内の1機で、「鍾馗戦闘機隊2」(大日本絵画刊)に掲載された写真をもとに作図。当初は全体にこまかな迷彩が施されていたが、日常の清掃、整備のたびに剥離する部分にのみ再度スプレーガンで大まかに迷彩が施されたため同じ機体でパターンの異なる様子がおもしろい。金属面とは表現が異なる布張りの方向舵は迷彩塗装の食いつきがよく、初期の状態を保っている

中島 キ-44 二式単座戦闘機2型甲
1943年 夏 広東 中国 飛行第85戦隊第2中隊 中隊長 若松幸福大尉(当時)

「赤鼻隊長」の異名を持つ飛行第85戦隊長若松中佐が第2中隊長であった当時の搭乗機。尾翼にある3重の楔部分の写真があり、その情報をもとにイラストを作成した。胴体の赤帯は同部隊の他機にも見られるものであり、同じくスピナーはあだ名通りの赤色とした。3重の楔は飛行85戦隊マークの矢印(楔に横棒)の変形で、前の1本が85戦隊、後方2本が第2中隊長を示すと著者は考えている。若松中佐は1941年から85戦隊に所属し18機以上(P-51を含む)を撃墜するエースだったが、1944年12月武漢上空の空中戦にて戦死した

中島 キ-44 試作8号機
1942年 1月 マレー半島 独立飛行第47中隊 黒江保彦大尉

独立飛行第47中隊はキ-44試作機により編成され、1942年1月よりシンガポール攻略戦に参加した。元となったのはその時期にサイゴン飛行場で撮影されたという写真。試作機だがスピナーの形状以外はほぼ1型量産機と同じ。戦地に進出する際に茶褐色で塗装されたが現地は緑の多い環境であったため迷彩効果が不充分だったとされ、追加派遣機は濃緑色で塗装された。独飛47中隊は「赤穂四十七士」にちなみ、右二ツ巴のマークを中隊標識として胴体左側にのみ黄色で描いている。尾翼の斜め線は編隊標識

049

Imperial Japanese Army Air Service illustrated Fighters Edition.
Nakajima Ki-44 "Tojo"

中島 キ44 二式単座戦闘機 鍾馗

中島 キ-44 二式単座戦闘機2型丙
1944年11月 クラーク飛行場 フィリピン 飛行第29戦隊 本部

この機体は米軍占領時にクラーク飛行場に放棄されていた2型丙で、尾翼から胴体後部に描かれている波状の矢印は29戦隊のマークである。その色が青でスピナーも青であることから、戦隊本部の機体と推定されている。第29戦隊は、偵察機部隊から、戦闘機部隊に改編され、米軍レイテ上陸に際してクラーク基地に進出した。1944年11月から12月の戦闘に参加し壊滅状態になり台湾に後退し、四式戦闘機に機種改編された。暗緑色で塗装された胴体上面にはほとんど剥離のないことから、進出早々に使用不能になったと考えられる

中島 キ-44 二式単座戦闘機2型丙
1944年初頭 成増飛行場 東京都 飛行第47戦隊第3中隊長 波多野貞一大尉

黄色い戦隊マークと胴体後部の太い青帯から、飛行第47戦隊桜隊（旧第3中隊に相当）の隊長、波多野貞一大尉の搭乗機と考えられる機体

中島 キ-44 二式単座戦闘機2型
1945年6月 柏飛行場 千葉県 飛行第70戦隊長 坂戸篤行少佐

飛行第70戦隊長である坂戸篤行少佐機とされる機体で撃墜マークの写真があり、それをもとに作図。尾翼部分は写っていないが、戦隊本部を示すコバルト色と考えて描いた。撃墜マークは羽根を拡げた鷲で羽根の形状がそれぞれ異なっている。マークは上のものほど古く、剥離も進んでいる

中島 キ-44 二式単座戦闘機2型丙
1944年夏 広東 中国 飛行第85戦隊本部 戦隊長 斎藤吾少佐

飛行第85戦隊長斎藤吾少佐の機体とされる2型丙である。この機体の左面、右面ともに写真があり、垂直尾翼には矢印状の85戦隊のマークがあることがわかる。戦隊マークは幹部を示す青色で描かれており、胴体にも白フチ付の青帯が描かれているほか、スピナーも青色で塗装されている。胴体上面、主翼上面は暗緑色に塗られており、剥離が著しいことから、金属面に直接暗緑色が吹き付けられていたと考えられる。落下増槽には撃滅の文字とその中央に白丸が描かれているとの資料があり、それに従って作図した

中島 キ-44 二式単座戦闘機2型丙
1944年 満州南部 飛行第104戦隊

飛行第104戦隊は南満州の防空を担ったが、本機もその装備機ひとつ。「104」を図案化した戦隊マークは、戦闘機とは思えないセンスのよさを感じる

中島 キ-44 二式単座戦闘機2型丙
1944年 満州南部 飛行第104戦隊

同じく飛行第104戦隊の所属機。同隊の機体には固有の名前が存在し、これはコクピット付近に記された。本機はイラストのように「あさかぜ」で、尾翼には戦隊マークではなく剣のマークを描いた。この他、保有していた四式戦には「轟」「電」「剣」といった名前が与えられている

中島 キ-44 二式単座戦闘機2型丙
1945年 大正飛行場 大阪府 飛行第246戦隊

飛行第246戦隊は同時期に編成された248戦隊とともに、日本陸軍最後の飛行戦隊となった。フィリピンで損耗後、内地で戦力を回復時の「68」号機と思われる。二式戦闘機2型は基本的には1種類だけ、武装の相違により甲、乙、丙とにわかれるので、この機体や下の321号のように、製造番号が古く、望遠鏡式照準器の機体でも、12.7mm×4の武装にすれば丙になる。この機体はおそらく甲としてロールアウトした後、武装変更して丙になったと考えられる

中島 キ-44 二式単座戦闘機2型丙
1944年 大正飛行場 大阪府 飛行第246戦隊

一部の部隊を除き、246戦隊は終戦まで阪神地区の防空任務に就いた。これは昭和19年時の機体で、カウルフラップや尾翼など随所に赤く塗られている。スピナーの黄色から第3中隊機と判断した。戦隊マークは二式戦を受領してから制定したもので、赤い円にツバメで「梅干し」と通称された。胴体日の丸の白帯がやや狭い。フィリピンへ派遣された機は、この状態にまだら迷彩を施した

Imperial Japanese Army Air Service illustrated Fighters Edition.

Nakajima Ki-44 "Tojo"

中島 キ44 二式単座戦闘機 鍾馗

中島 キ-44 二式単座戦闘機2型丙
1945年 6月 柏飛行場 千葉県 飛行第70戦隊第1中隊 中隊長 吉田好雄大尉

飛行第70戦隊第1中隊長吉田大尉の搭乗機2型丙で、1945年6月に柏飛行場で撮影された写真がある。写真から垂直尾翼の戦隊マークが赤で描かれていること、さらに、垂直尾翼前縁に赤よりも暗い色（黒）で描かれた帯があることと、5機の夜間撃墜を含む6機のB-29撃墜マークがわかる。撃墜マークにはそれぞれ撃墜日が描かれており、5月24日には2機を撃墜している。2個の撃墜マークを描いた別の写真では3月10日の記録がなく機番11の剥離が激しいが、6機の撃墜マークを描いた際に3月10日分が追加され、11も再塗装されている

中島 キ-44 二式単座戦闘機2型丙
1945年 初夏 柏飛行場 千葉県 飛行第70戦隊第1中隊 小川 誠准尉

撃墜マークのある小川准尉搭乗機の写真があり、それに従って作図。資料によると小川准尉は吉田大尉と同じ第1中隊に所属したとされているので、写真からはわからない尾翼の戦隊マークを赤で描いた。6個の撃墜マークが機首方向から上下に3個、2個、1個とする説もあるが、塗装の剥離具合では上のほうが激しく、時間の経過が影響していると考えると、6個の場合、上下方向に3個づつ並ぶのが自然とする説に従い、胴体日の丸の白帯に掛かる位置にある1個を除き5個の羽根を広げた鷲の撃墜マークを描いた

中島 キ-44 二式単座戦闘機2型丙
1944年11月 水戸飛行場 茨城県 常陸教導飛行師団第1教導飛行隊 飛行隊長 広瀬吉雄少佐

1944年6月明野飛行学校分校（現ひたちなか市所在）は、学校から軍隊に改編され訓練と同時に戦闘部隊としての性格を持つ常陸教導飛行師団となった。当時内地に帰還した広瀬少佐は同師団付となり、防空戦闘に従事することになる。尾翼の部隊マークは旧明野飛行学校を示す八咫鏡の中に常陸を示す常の字を描き、両側に赤い羽根を加えた。塗装剥離が目立つ胴体には両フチが波打っている白フチ付の赤い稲妻マークが描かれている。広瀬少佐は1944年12月明野教導飛行師団に移動し、12月22日の名古屋でのB-29 迎撃戦で戦死した

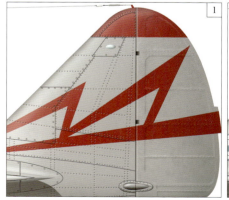
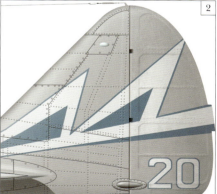
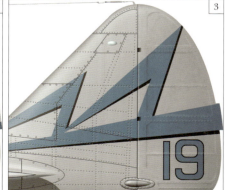

Imperial Japanese Army Air Service illustrated Fighters Edition.

Nakajima Ki-44 "Tojo"

中島 キ44 二式単座戦闘機 鍾馗

二式単戦は独立飛行第47中隊が最初の実戦部隊であり、当初は斜めの帯というシンプルなものであった。これが飛行第47戦隊に改変されると「47」を図案化した大胆なものとなり、①②③のように色のバリエーションも多い。製造番号の色も、中隊色に準じたようだ。ⒸとⒹも飛行第47戦隊機だが、隊内で編成された体当たり防空部隊、第二震天制空隊所属機には大石蔵之助の右二つ巴紋が描かれた。またⒸの機体は47戦隊マークを描いていない。④は一見すると47戦隊機だが、マークを上書きして飛行第70戦隊で使用した、いかにも戦時中らしい機体である。⑤も70戦隊機だ。Ⓔは70戦隊機の吉田好雄大尉機、Ⓗも同戦隊の小川 誠准尉機に描かれた撃墜マークである。小川大尉のマークには日付が記入されており、連日に近い撃墜記録が見て取れる。飛行第85戦隊は戦隊マークが多く、⑥の三重くさびはその一例。「赤鼻」の異名をとった第2中隊長、若松大尉機である。Ⓐも85戦隊の菊川正軍曹機の尾翼に描かれたもので、「菊川」から楠木正成公の「菊水」紋を描いたと思われる。他にも85戦隊は戦隊長機が矢印、それ以外ではその水平部分を省略かつ矢の部分が上部の片矢印マークもあった。数字を図案化した以外の戦隊マークも多く⑧の飛行第246戦隊は「梅干し」と称されたが、のちにシンプルな横帯に変更している。⑨は飛行第29戦隊で、胴体中央にまで伸びる躍動感あふれる矢印は「怒濤の進撃」を表している。なお昭和19年に1カ月間、中国大陸に派遣された時期はドクロのマークを描いた。その一方、⑦やⒻの飛行第104戦隊などは「104」の図案化やナイフの絵などが混在していた。Ⓑは常陸教導師団で、教育部隊からも実戦に参加したのが大戦末期であった

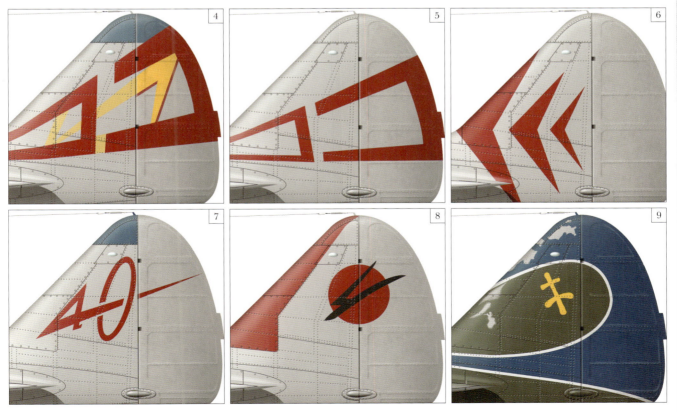

053

川崎 キ61 三式戦闘機 飛燕
Kawasaki Ki-61 "Tony"

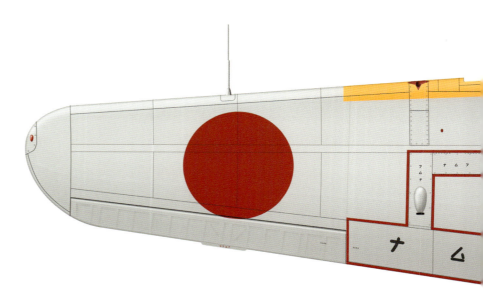

　第二次世界大戦に日本陸海軍が登場させた戦闘機のなかで唯一液冷エンジンを搭載した機体として知られるのが川崎航空機の開発したキ61 三式戦闘機だ。

　九二式戦闘機、九五式戦闘機と続いて陸軍制式戦闘機を送り出した川崎であったが、引き続く戦闘機競作では同じく液冷式エンジン搭載の全金属製単葉のキ28が中島飛行機のキ27に敗れ、時あたかも川崎ではキ45双発単座戦闘機（のちのキ45改 二式複座戦闘機）とキ48双発軽爆撃機（のちの九九式双発軽爆撃機）という空冷エンジン搭載機の試作が進められている状況もあり、液冷式エンジン機の系譜が途絶えたかに見えた。

　ところが、昭和13年に入ると日本陸軍は川崎へ、ドイツはダイムラーベンツ社のDB601のライセンス生産権の取得を斡旋することとなる。大馬力エンジンの将来性を見据えた政治的判断といえよう。そして川崎ではこの液冷エンジンを搭載した「重戦」と「軽戦」の2機種の開発を陸軍側へ提案する。こうして並行して開発されることになったのがキ60とキ61であった。しかし、先んじて製作されたキ60は陸軍初の本格制式重戦闘機の座を中島のキ44とちょうど争うかたちとなり、僅差で敗退。

　昭和15年12月、ようやく試作に取りかかったキ61は「軽戦」と位置づけながらも、頑丈な機体に1200馬力という当時としては大出力なエンジンを搭載して7.7㎜機関銃2挺、12.7㎜機関砲2門を擁する、いわば重軽折衷的な機体として仕上がった。その様子をして「中戦」という造語が生まれたほど均整の取れた戦闘機であった。

　昭和18年6月に三式戦闘機1型甲として制式採用されたキ61は飛行第68戦隊と飛行第78戦隊という兄弟部隊に供給され、当時激戦区であったニューギニア戦線へ出陣していった。そこでの苦闘の模様は広く知られている通り、劣悪な環境における日本の液冷エンジン機の限界を示したものといえたが、整備状況が整った本土防空戦においてはカタログスペック以上の働きを見せたことは称賛に値する。

　液冷エンジン機特有の流麗なラインを持つ本機の塗装例をご覧いただこう。

Imperial
Japanese Army
Air Service illustrated
Fighters Edition.

Kawasaki Ki-61 "Tony"

川崎 キ61 三式戦闘機 飛燕

川崎 三式戦闘機上面塗装例

海軍の零戦をしのぐアスペクト比を誇る長大な主翼と液冷エンジン機特有の幅の狭い胴体からなる三式戦の上面シルエットは、他に類を見ないもの。三式戦も基本的にロールアウト時は無塗装銀仕上げで、長い機首の上面には反射除けの黒塗装がなされている。図は飛行第244戦隊の機体で、主翼前縁の敵味方識別帯など全機に共通するもののほか、垂直、水平尾翼ともに真紅で塗装が施されている。主翼上面のフラップおよび機関砲パネルの注意帯が銀翼に映える

川崎 キ61 三式戦闘機 飛燕

Imperial Japanese Army Air Service illustrated Fighters Edition.
Kawasaki Ki-61 "Tony"

川崎 キ-61 三式戦闘機1型乙
1945年2月 調布飛行場 東京都 飛行第244戦隊 震天制空隊 板垣政雄伍長（当時）

B-29迎撃時の高高度性能不足を補うため体当たり攻撃を実施する部隊が、第10飛行師団隷下の各飛行部隊に編成された。これが「震天制空隊」である。イラストの機体は板垣軍曹（当時伍長）が1945年2月当時に搭乗していた機体で、写真を見る限り機首武装は残されているようである。すでに前年12月にはB-29に対する体当たり攻撃に成功後帰還しており、1月には2度目の攻撃に成功後生還している。イラストの機体は乙型と思われる機体を整備し、上面を濃緑色で塗装している。しかし機首反射防止黒塗装の剥離が著しい

川崎 キ-61 三式戦闘機1型乙
1945年1月 浜松飛行場 静岡県 飛行第244戦隊 そよかぜ隊 隊長 生野文介大尉

飛行第244戦隊は調布基地飛行場を本拠地に活動していたが、1944年12月19日よりB-29迎撃に有利な浜松に移動することになった。浜松には戦闘機駐機用掩体の準備がないため、急遽浜松派遣機には迷彩が施されることになった。この機体もその際に迷彩が施されたと考えられる。迷彩塗装を施した場合は機体表面の抵抗が増加し、速度が数km/h程度減少するため搭乗員からは好まれていなかったようである。浜松滞在中にこの機体には、生野大尉による1機撃墜、2機撃破の戦果を示す3個の日章旗が描かれている

川崎 キ-61 三式戦闘機1型乙
1944年12月 調布飛行場 東京都 飛行第244戦隊震天制空隊 中野松美伍長

こちらも飛行第244戦隊で編成の震天制空隊機だが、無塗装の機体に防眩塗装や味方識別標識などを施した。イラストの機体は1型乙である。操縦者の中野松美伍長は昭和19年12月3日、B-29の背に本機で乗り上げる、いわゆる「馬乗り体当たり」で撃墜したと伝えられている。尾翼の「ナ」は中野の頭文字を示し、他の機体のカタカナも同様の法則に則って描かれている

川崎 キ-61 三式戦闘機1型乙
1944年12月 調布飛行場 東京都 飛行第244戦隊 震天制空隊 四宮 徹中尉

この機体は1944年12月4日にB-29に対して体当たり攻撃し、左翼のほぼ1/3を失いながらも調布飛行場に帰還した当時の第244戦隊震天制空隊長四宮 徹中尉の機体である。機体には四宮の頭文字Sを意味した赤帯が描かれていることが帰還直後に撮影された写真からわかり、これをもとに作図。一部資料では丁型とされているが、1度の出撃で喪失が前提の体当たり攻撃に新鋭機を使用するとは考えにくいので、中古の甲または乙を整備したものと考えられる。この機体は戦意高揚のため銀座松屋デパートに展示された

川崎 キ-61 三式戦闘機 1型乙
1944年12月 調布飛行場 東京都 飛行第244戦隊震天制空隊 板垣政雄伍長

こちらも56ページのイラスト同様に飛行第244戦隊の板垣伍長機で、同ページ掲載の中野伍長機と同時期の機体と思われる。中野機と違い、胴体後部の赤帯がない。このほかに迷彩として電光を描いた板垣機も伝えられるが、尾翼や機番などは不明

川崎 キ-61 三式戦闘機 1型甲
1944年12月 所沢飛行場 埼玉県 所沢陸軍航空整備学校

1944年12月、所沢陸軍航空整備学校にて、二式複戦「屠龍」、四式戦「疾風」とともに報道関係者に公開された時に撮影された、ほぼ真横からの写真をもとにイラストを描いた。所沢陸軍整備学校所属機の方向舵には、所属を示す黒い横帯と「ひらがな」一字が記入されている。所沢陸軍整備学校は1938年6月、陸軍航空技術学校から、下士官、幹部候補生、少年航空兵の整備教育機関として分離し、陸軍整備学校として発足。1943年8月には所沢陸軍航空整備学校と改称された。同じ年の4月には、岐阜陸軍航空整備学校が発足している

川崎 キ-61 三式戦闘機 1型甲
1944年 屏東飛行場 台湾 第37教育飛行隊

1944年2月に台湾の屏東で戦闘機搭乗員の養成を目標に編成された第37教育飛行隊所属機の写真をもとに作図。無塗装の機体の垂直尾翼と方向舵にのみ濃緑色の斑点迷彩を施しており、その部分に漢字の「三七」を図案化した第37教育飛行隊の部隊標識を描いている。胴体後部の色帯の縁が濃い色のように見えるので、赤色帯の存在も考えられるが、日の丸の白縁部にも同様の暗い部分があり、汚れと考えている。また、脚カバーに機番05を赤で描いている。37教育飛行隊は終戦までにジャワ島、マレー半島などを移動している

川崎 キ-61 三式戦闘機 1型甲
1943年12月 ツルブ飛行場 ニューブリテン 飛行第68戦隊 第2中隊

飛行第68戦隊第2中隊長の搭乗機と推定される三式戦闘機1型甲。1943年ニューブリテン島ツルブ飛行場を占領した米軍により撮影された数点の写真があり、それをもとに作図。機体には、乱雑に暗緑色の蛇行迷彩が施され、垂直尾翼には68を図案化した戦隊マークが白フチ付赤色で、胴体には中隊長機を示すと思われる幅広の赤フチ付白色帯が描かれている。米軍撮影の写真には操縦席横にマークのあるものと無いものがあり、その部分の迷彩塗装に変化が無いことから米軍により描かれたものと考えられる

川崎 キ-61 三式戦闘機1型乙
1945年2月 調布飛行場 東京都 飛行第244戦隊震天制空隊 中野松美伍長

銀塗装だった昭和19年12月の機体に比べ、濃緑色塗装と撃墜および撃破マークが歴戦を伝える中野松美伍長機。一般には1型乙とされているが、尾脚付近の収納扉の見える写真から一型甲とする説がある。中野伍長は昭和20年1月27日に2度目の体当たりを行ない、生還した

川崎 キ-61 三式戦闘機1型甲
1942年 夏から秋 明野飛行場 三重県 明野陸軍飛行学校

無塗装の機体の方向舵に機体製造番号の下2桁と赤色で描かれた八咫鏡に「明」の字を描くことでお馴染みの明野飛行学校に所属する三式戦闘機1型甲を数枚の鮮明な写真から作図。1942年以降陸軍機は胴体側面にも日の丸を描き主翼前縁に「黄橙色」の識別帯を描くようになったが、Ki-61の場合は極初期製造機以外は本機もふくめてこの標準に従っている。鮮明な写真から各部に記入された注意事項や機体製造番号などが読み取れるので、可能な限りイラストに再現した。尾脚は完全に引き込むようになっている

川崎 キ-61 三式戦闘機1型丁
1945年 パレンバン飛行場 スマトラ 第7錬成飛行隊

教育飛行隊で基本操縦法を修めた訓練生は、錬成飛行隊での教育を経て実戦部隊に配属される。しかし戦局が悪化すると防空戦闘に投入される部隊も珍しくなかった。第7錬成隊も南方で戦闘機操縦者の錬成を行なう部隊であったが、昭和20年4月、第18錬成隊の三式戦とともにパレンバン油田の防空戦闘機隊を編成した。尾翼のマーキングは「7」の図案化であろう

川崎 キ-61 三式戦闘機1型丁
1945年4月 目達原飛行場 佐賀県 第11錬成飛行隊

1943年、大刀洗陸軍飛行学校目達原分校として佐賀県に設置された目達原飛行場にあった第11錬成飛行隊所属機の写真をもとに作図。第11錬成飛行隊は特別操縦見習士官などの教育に従事した。写真の機体は1945年4月特別攻撃隊として出撃したとされている。無塗装の機体の垂直尾翼部分には11を図案化した部隊標識が描かれている。垂直尾翼頂部には数字が描かれているようであるが、写真から判読することができないのは残念である。胴体の日の丸部分には、黄色(青色の可能性もある)と思われる斜めの帯が描かれている

Imperial Japanese Army Air Service illustrated Fighters Edition.

Kawasaki Ki-61 "Tony"

川崎 キ61 三式戦闘機 飛燕

川崎 キ-61 三式戦闘機 1型丁
1944年12月 マラン ジャワ島 第18練成飛行隊 福長直人中尉

第18練成飛行隊は1944年10月13日、インドネシアのジャワ島で開隊し、三式戦闘機を教材にした特別操縦見習士官、少年飛行兵の訓練を担当した。1945年にはスマトラ島パレンバンに移動し、第7練成部隊とともに油田の防衛任務に従事した。この機体は機首にホ-5 20mm機関砲を装備し、操縦席前方を200mm延長した丁型である。第18練成飛行隊の各機には日本国内の山の名前が付けられ、機首にひらかなで描かれている。機体の上面は一面濃緑色に塗られ、尾翼には18練成飛行隊の18を図案化した部隊マークが描かれている

川崎 キ-61 三式戦闘機 1型丁
1944年10月 ドラック飛行場 フィリピン 飛行第17戦隊第2中隊

1944年10月のフィリピン決戦に赴いた飛行第17戦隊機で、蛇行迷彩の機体に「17」を図案化した赤い矢が印象的である。迷彩塗装時は胴体日の丸に白フチを追加した例外も多く見られる。中隊の区分は尾翼マークではなくスピナーの色分けによったと伝えられ、従来どおりなら第1中隊が白、第2中隊が赤、第3中隊が黄色、戦隊本部が青だったと思われる

川崎 キ-61 三式戦闘機 1型丁
1945年夏 佐野飛行場 大阪府 飛行第55戦隊

飛行第55戦隊機は編成当初、固有マークがなく矢野武文大尉機（次項参照）のように搭乗者の頭文字「矢」を丸囲みしたマークが有名。比島決戦を終えて内地に帰還してからは、「55」を図案化したマークを描いた。この戦隊マークは白に黒フチ付きが定説だが、本イラスト70号機のようにフチなしの黄色と判断できる写真が残されている

川崎 キ-61 三式戦闘機 1型丁
1945年6月 読谷飛行場 沖縄県 飛行第55戦隊

1945年6月に占領した米軍により沖縄県読谷飛行場で撮影された写真をもとに作図。この機体の垂直尾翼には5を図案化した55戦隊マークと、その下には半ば消えかけた56戦隊のマークが描かれており、元56戦隊の所属機であることを示している。55戦隊のマークは胴体の日の丸より明るい色であることから、隊長機などを示すと思われる胴体の斜め帯も含めて青で描かれていると考えてイラストを描いた。スピナーの一部も明るい色であることから、同じく青と考えた。内地に帰還後、55戦隊マークのデザインが変更された

059

Imperial Japanese Army Air Service illustrated Fighters Edition.

Kawasaki Ki-61 "Tony"

川崎 キ61 三式戦闘機 飛燕

川崎 キ-61 三式戦闘機 1型丁
1944年夏 小牧飛行場 愛知県 飛行第55戦隊 矢野武文大尉

こちらも飛行第55戦隊機で、編成当初の部隊固有マークがないもの。垂直安定板に記入された「矢」の文字は飛行隊長・矢野武文大尉の乗機を表す。青い斜めの帯が飛行隊長標識。飛行第55戦隊は編成当時、錬成のかたわら中京地区の防空任務に就いていた

川崎 キ-61 三式戦闘機 1型丁
1944年9月〜11月 済州島 韓国 飛行第56戦隊

終戦後の1945年10月に済州島で米軍が撮影した写真をもとに作図。写真で尾翼部分を見ることはできないが、56戦隊の標準では無塗装機には黒フチ付赤の戦隊マークと製造番号の下3桁を描くと考えて作図。伊丹などを基地に阪神地区の防空を担当した飛行56戦隊は一部を済州島に派遣して、大陸方面から来襲するB-29に備えた。この機体も済州島に派遣された際に、故障などで現地に取り残された機体と考えられる。済州島には56戦隊のほか、北九州の芦屋を基地にしていた59戦隊も派遣されている

川崎 キ-61 三式戦闘機 1型丁
1945年 伊丹飛行場 兵庫県 飛行第56戦隊長 古川治良少佐

イラストは飛行第56戦隊戦隊長の古川治良少佐乗機で、戦隊マークは無塗装機には上掲のように赤に黒フチ付きだが、本機のような迷彩の場合は白とした。日の丸の白帯は、防空部隊標識ではなく戦隊長機を示すと言われている。56戦隊ならではの製造番号は古川少佐の場合、遠方から撮影の写真から右側に「751」を記入したと推定されている

川崎 キ-61 三式戦闘機 1型丁
1944年12月 調布飛行場 東京都 飛行第244戦隊 戦隊長 小林照彦大尉（当時）

機体に描かれた撃墜マークから、1944年12月22日から翌年1月9日までの間に調布飛行場で撮影されたと考えられる写真をもとに作図。製造番号4424号機は小林戦隊長搭乗機として使用された機体のひとつで、時期により塗装が異なる。この時期に撮影された写真から開口部周辺、リベットライン、リベットの頭部、搭乗や整備の際に手が触れる部分の剥離が著しいことがわかる。これらから、無塗装の機体にほぼ全面を覆う暗緑色の塗装が施されていたのが部分的に剥離したものと思われる

川崎 キ-61 三式戦闘機1型丁
1944年2月 調布飛行場 東京都 飛行第244戦隊長 小林照彦大尉

60ページ掲載の機体と同一機で、1945年1月に、迷彩を落として無塗装となった状態を再現したもの。帯をすべて赤色として、アンテナ柱は撤去した。B-29を模した撃墜マークは6個描かれ、うち1個は体当たりを示す三式戦のシルエットが重なる。この時期は主翼の機関砲を取り外し、砲口部をテープでふさいでいる

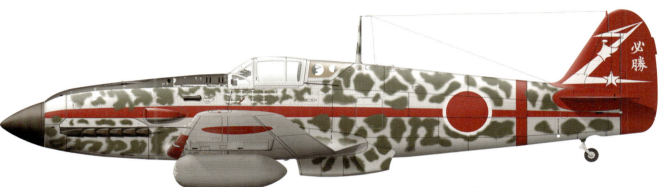

川崎 キ-61 三式戦闘機1型丁
1944年3月 調布飛行場 東京都 飛行第244戦隊長 小林照彦大尉

1945年3月19日、米機動部隊攻撃時の機体で、再度施されたまだら迷彩はスピナーにもおよぶ。主翼前縁の識別帯はこの時期のみ赤色に変更したが、攻撃隊の先頭を飛ぶであろう誘導機が、戦闘機隊編隊長機を視認しやすくするための措置という説がある。左右の落下タンクの前面にはそれぞれ「必」「勝」と記入、左タンクには機付兵の名を書いたという

川崎 キ-61 三式戦闘機1型丁
1945年5月 調布飛行場 東京都 第159振武隊 高嶋俊三少尉

1945年5月、244戦隊の装備が五式戦闘機に改編されたあと、小林戦隊長機として使用されていた4424号機は、特攻隊用の機材として供出され第159振武隊長高嶋少尉機となり、この際に塗装の一部と武装が変更された。また、1月に実施された整備以降胴体に描かれた赤色帯は青色帯に変更された。撃墜マークはB-29を示す5機分が追加されている。一方、武装では機首に装備されていたホ-5は取り除かれ、翼内のホ-103のみとなったが機首砲の弾動孔を覆うことはされていない

川崎 キ-61 三式戦闘機1型丁
1944年4月 調布飛行場 東京都 飛行第244戦隊長 小林照彦大尉

こちらも小林戦隊長機だが、昭和20年4月中旬以降の予備機とされ、4月末に五式戦の改変が始まったため実際に搭乗したかどうかは不明という。11個の撃墜マークのうち、右の2個は小型機を示す。胴体横の戦隊長標識は、細い白帯が2本となった

Imperial Japanese Army Air Service illustrated Fighters Edition.

Kawasaki Ki-61 "Tony"

川崎 キ61 三式戦闘機 飛燕

川崎 キ61 三式戦闘機 飛燕

川崎 キ-61 三式戦闘機 1型丁
1945年2月～3月 調布飛行場 東京都 飛行第244戦隊 板倉雄二郎少尉

1944年末頃に製造された製造番号5262号機は、244戦隊本部小隊の板倉少尉の搭乗機となった。機体は製造時より上面は濃緑色に塗装されており、244戦隊配属後に尾翼を赤く塗って244戦隊のマークを描き、胴体後方に白色帯および機体側面に白色帯が描かれている。この機体の鮮明な写真も存在しており、排気管先頭カバーと増槽取り付けラックに機番5262が描かれているのがわかる。さらに増槽取り付けラックには白でラフに5262と描かれている。3月19日に実施された米機動部隊攻撃時には胴体側面の白帯は消されている

川崎 キ-61 三式戦闘機 1型丁
1945年3月19日 調布飛行場 東京都 飛行第244戦隊 戦隊本部 板倉雄二郎少尉

このイラストは上の板倉少尉機の1945年3月19日米機動部隊攻撃直前の状況である。攻撃が成功した場合に発表するためとして撮影された出撃直前の写真をもとに作図。機体を前後に貫く白帯は目立たないように上面色で塗装されている。また主翼下に懸架されている増槽には、整備担当者の名前が書かれている。当時244戦隊は米機動部隊攻撃を任務とした第30戦闘飛行集団指揮下にあり、3月19日には第18振武隊、第19振武隊の直掩任務のため、全力出撃したが会敵できず浜松へ帰投した

川崎 キ-61 三式戦闘機 1型丙
1944年 柏飛行場 千葉県 飛行第18戦隊

編成されてからフィリピン・ルソン島へ進出するまでの間、関東の防空を担当していた時期の飛行第18戦隊機。主翼からは20ミリマウザー砲が突き出ている。戦隊マークは漢数字の「一八」を図案化したもので、第1中隊は迷彩機が白（無塗装機は赤フチ付き）、イラストのように無塗装の第2中隊は赤（迷彩機は白フチ付き赤）、第3中隊が黄色（迷彩機は赤フチ付き黄）となる

川崎 キ-61 三式戦闘機 1型丙
1944年9月～10月 済州島 韓国 飛行第56戦隊

1944年9月～11月、中国から飛来するB29を迎撃すべく韓国の済州島で活動した時期の飛行第56戦隊機。無塗装機であるため、56戦隊の規定で戦隊マークは赤の黒フチ、製造番号は部塗装機は黒だが、本イラストの機は赤で記入された。本機は主翼上面付根のフィレット部分と冷却器の右側にも製造番号「3294」が黒で走り書きされている

Imperial Japanese Army Air Service illustrated Fighters Edition.

Kawasaki Ki-61 "Tony"

川崎 キ61 三式戦闘機 飛燕

川崎 キ-61 三式戦闘機 1型丙
1945年2月 調布飛行場 東京都 飛行244戦隊 そよかぜ隊 石岡幸男伍長

飛行第244戦隊の石岡伍長の搭乗機とされる機体であり、この機体も1944年12月の浜松派遣時に急遽迷彩が施されている。そのため胴体日の丸周辺にある防空識別白帯にも迷彩が掛かっている。胴体の後部白帯の後方には濃密な迷彩が施されている。方向舵は修理する際に他機の部品を取り付けたためか、戦隊マークが不連続になっているのが興味深い。この機体を含む多くの迷彩塗装機は左右でパターンが異なっているものがあり、この機体でも斑点迷彩は左面が細かく右面が大きい

川崎 キ-61 三式戦闘機 1型丙
1945年2月 調布飛行場 東京都 飛行244戦隊 そよかぜ隊 隊長 生野文介大尉

この機体は上掲の16号機とともにそよかぜ隊長生野大尉搭乗機で、1945年2月時の写真がいくつかあり、それをもとに作図。この機体にも小林戦隊長搭乗機と同様に機首左側過給器上にベンチュリ管が装着されている。主翼上面がわかる写真では補助翼の上面に迷彩塗装が残っており、機体自身は定期的な整備を受けた際に迷彩塗装を剥がしたものと思われる。胴体側面には赤色の電光マークが描かれているが、右側面と左側面では形状や位置が異なっていた。この後再び迷彩が施されたことが終戦後に撮影された写真で確認できる

川崎 キ-61 三式戦闘機 1型丙
1945年1月 調布飛行場 東京都 飛行第244戦隊 戦隊本部 小林照彦大尉

イラストの3295号機は、20mm機関砲MG151/20を主翼に装備した飛燕1型丙で244戦隊長小林大尉の予備機である。当時戦隊長機の4424号機が整備中だったため、この機体が代機として使用された。1月27日の迎撃戦では本機によりB-29への体当たり攻撃が敢行され、その際失われている（小林大尉は生還）。胴体の迷彩は濃密でかつ丁寧な仕上げである。胴体を前後に貫く青色の帯の他、迷彩塗装が施された後に青帯より太い白帯が描かれている。尾翼部分は全体に赤く塗装され、224戦隊標識が白色で描かれている

川崎 キ-61 三式戦闘機 1型丙
1945年1月 浜松飛行場 静岡県 飛行244戦隊 みかづき隊 鈴木正一伍長

鈴木伍長搭乗機の操縦席付近と左面ほぼ全面を収めた機体写真があり、それをもとに作図。星を貫く矢印の個性的な撃墜マークが興味深い。赤色矢印が撃墜を示し、輪郭だけの矢印が撃破を示す。左面写真から胴体後部に明るい色の帯があり、黄色の帯が描かれていたと考えた。写真には無線アンテナマストが写っていないので、アンテナ空中線は直接機体に引き込まれているようだ。この機体の脚カバーには黄色と思われる色で、機番である「15」が描かれている。鈴木伍長は戦隊長僚機に移動し、1945年2月16日のF6Fとの空戦時に戦死した

063

川崎 キ61 三式戦闘機 飛燕

川崎 キ-61-2改 三式戦闘機2型
1945年 初夏 日本 飛行第56戦隊

三式戦闘機2型は搭載するエンジン「ハ140」の製造が停滞し、少数機が完成したにとどまった。そのため後に五式戦闘機が開発されている。イラストの機体は2型改後期タイプで、後方視界を向上させるため操縦席後方の胴体の高さを減らし、風防を水滴型に変更している。機体は濃緑色で塗装され垂直尾翼に56戦隊の戦隊標識が描かれているが、従来のように機軸に沿ったものでなく、駐機中の地面と平行になるように描かれている。これは戦況が厳しく、戦隊標識を手早く描くため機体尾部を持ち上げずに描いたためと考えられる

川崎 キ-61-2改 三式戦闘機2型
1945年 福生飛行場 東京都 陸軍航空審査部

陸軍航空審査部は開発中の機体や新鋭機の実用実験、テストパイロットの養成などを行なっていた。本土空襲が始まると、審査部戦闘機隊はその都度、臨時防空部隊を編成して迎撃戦闘を行なった。審査部は固有の戦隊マークを持たず、図の機体も製造番号の下2ケタである「17」を描いたものである

川崎 キ-61 三式戦闘機1型乙
1944年12月～1945年1月 浜松飛行場 静岡県 飛行第244戦隊 戦隊本部 安藤喜良伍長

調布にいた飛行244戦隊は1944年12月下旬に浜松に移動した。その際、迷彩塗装が施された安藤伍長機の写真をもとに作図。安藤伍長機には胴体を前後に貫く白帯が描かれているが、写真を見る限り過給器の空気取り入れ口部分にはなく、前後に分離している。また赤色の電光マークも胴体に描かれている。機体の迷彩パターンはイラストを描いた機体左面と右面では異なっている。この機体は1945年1月9日の迎撃戦で被弾して成増飛行場に不時着し修理を要したため、安藤伍長が戦死した時点では他機に搭乗していた

川崎 キ-61 試作2号機
1942年 各務原飛行場 岐阜県

イラストに描いたキ-61試作2号機はかなり量産機に近い形態になっているが、次の部分が量産機とは異なる。固定風防前に量産機には無い明り取りの窓が設けられている。また胴体下の冷却器はオイルと冷却液の両方を冷却するもので、その点は量産機と同じであるが、形状は若干異なっている。武装はない。試作機は3号機まで制作されたのち、量産機とほぼ同じ増加試作機が作られ陸軍航空審査部でテストされることになった。試作2号機の胴体に日の丸の識別標識が無いのは当時の塗装要領に従ったことによる

川崎 キ-61 三式戦闘機1型丁
1945年1月 クラーク飛行場 フィリピン 飛行第19戦隊 第2中隊

この機体は1945年1月、アメリカ軍がクラーク飛行場を占領した際に鹵獲された飛行第19戦隊所属機で、戦隊標識が赤色であることから第2中隊所属機と考えられる。19戦隊のマークの下には55戦隊標識がわずかに見えることから、元55戦隊所属機が19戦隊に供給されたと考えられる。機体の上面全体に濃緑色の塗装が施されており、胴体後部に2本の白帯があることから、中隊内の長機である可能性がある。塗装の剥離も少ないことから、1945年1月に19戦隊が再度フィリピンに進出した直後にアメリカ軍の手に落ちたものだろう

三式戦の戦隊マークとして最も多く知られているものは、やはり体当たり部隊として名を馳せた飛行第244戦隊であろう。①のそよかぜ隊隊長、生野文介大尉機は星の部分のみ青で塗られた珍しい例だ。陸軍では教育部隊も④の第18錬成飛行隊や②の第37教育飛行隊のようにマークを描いたが、18錬飛は機首に山の名前を記入した。イラストの福島直人中尉機は「つるぎ」で、その他「うねび」「いぶき」などが確認されている。なお、イラストのようにマークが白で塗られた場合、フチが赤その他で塗られることが多かった。また当時の塗料の品質ゆえか、先に描かれたマークの上に新たなマークを描いても、完全には消えないこともあった。一例として⑦の飛行第55戦隊機は56戦隊の、⑨の飛行第19戦隊機は55戦隊のマークがうっすらと見える。この機体はマークが赤いことから第2中隊機だが、左右を写した写真が残されており、明度などから右側は黄色と推測されている。ちなみに飛行第55戦隊のマークは、当初は操縦者の頭文字の丸囲み（例、「矢野大尉」の「矢」を丸囲み）、次に⑥のように「55」の図案化、最後は⑦の「5」の図案化のように何度も変更された。数字の図案化としては、③の飛行第68戦隊、⑧の飛行第56戦隊などがポピュラーなものとなろう

中島 キ84 四式戦闘機 疾風
Nakajima Ki-84 "Frank"

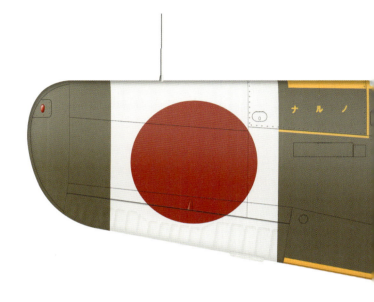

　キ84 四式戦闘機は"大東亜決戦機"や「疾風」の名で戦中にマスコミ発表されたことで知られ、そのとおり、大戦末期の中国大陸、またフィリピン決戦へと投入され、勇戦敢闘した機体だ。

　その開発は開戦直後の昭和16年12月末に、キ44の後継戦闘機としての位置付けで開始され、速度、後続力をバランスよく備えたいわば一式戦闘機と二式単座戦闘機の中間において正常進化したような機体が目指された。とくに武装は当初から12.7mm機関砲2門、20mm機関砲2門の計4門の大口径機関砲を搭載することが求められ、最高速度の目標は680km/hという高みにおかれていた。

　本機に搭載されたハ45は、海軍名称の「誉」のほうが通りがいいだろう。2000馬力級の空冷18気筒モデルとして中島飛行機が開発した新エンジンは熟成までに時間がかかったが、この実用化により日本陸軍はようやく第二次世界大戦型の均整の取れた戦闘機を手にすることの足がかりできたといえる。

　試作1号機は昭和18年3月に完成、続いて、100機にのぼる増加試作機を一気に製作したことが本機の実用化に拍車をかけた。細部形状を少しずつ変えた機体を製作し、一斉にテストを行なって煮詰めることができたからだ。こうして制式採用前の昭和19年3月には早くもこの先行量産機ともいえる増加試作機によって飛行第22戦隊が編成され、実戦での実用実験を行なうまでになっていた。

　当初から量産性を考慮して設計されていたため、四式戦闘機として制式化され、生産が本格化した昭和19年から終戦までという短い期間でじつに3500機を超える機体をロールアウトさせたことは特筆されるべきだろう。

　なお、これまで一般的に知られている本機の最高速度624km/hという数値は集合式単排気管の増加試作機のものであり、じつは精度が落ちたといわれる単排気換装装備の量産機のほうが排気のロケット効果の影響もあって650km/h前後の最高速度を発揮できたことはあまり知られていないようだ。

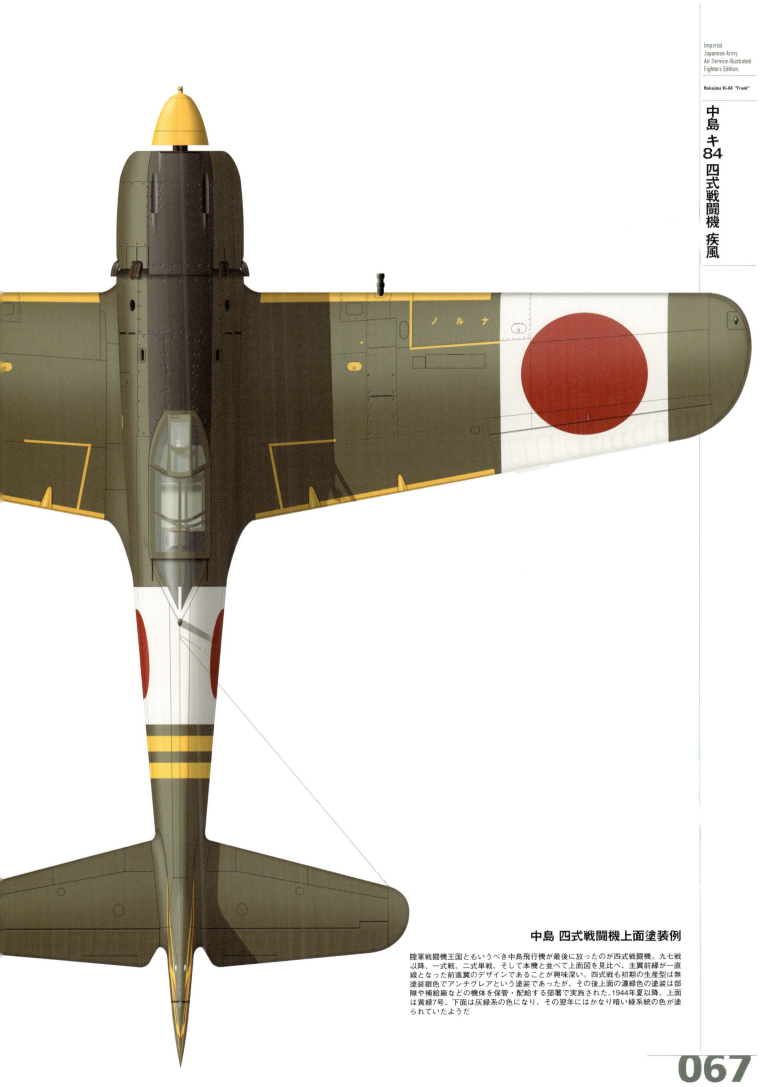

Imperial Japanese Army Air Service illustrated Fighters Edition.

Nakajima Ki-84 "Frank"

中島 キ84 四式戦闘機 疾風

中島 四式戦闘機上面塗装例

陸軍戦闘機王国ともいうべき中島飛行機が最後に放ったのが四式戦闘機。九七戦以降、一式戦、二式単戦、そして本機と並べて上面図を見比べ、主翼前縁が一直線となった前進翼のデザインであることが興味深い。四式戦も初期の生産型は無塗装銀色でアンチグレアという塗装であったが、その後上面の濃緑色の塗装は部隊や補給廠などの機体を保管・配給する部署で実施された。1944年夏以降、上面は黄緑7号、下面は灰緑系の色になり、その翌年にはかなり暗い緑系統の色が塗られていたようだ

中島 キ-84 四式戦闘機 疾風

中島 キ-84 四式戦闘機 2次増加試作機
1944年3月 福生飛行場 東京都 飛行第22戦隊第1中隊 舟橋四郎中尉

最初にキ-84（まだ四式戦闘機として制式化されていない）で編成された実戦部隊、飛行第22戦隊所属の2次増加試作機である。1944年3月撮影の写真をもとに作図した。舟橋中尉が写っている写真もあったので本機は同中尉の乗機らしい。垂直尾翼には赤フチのある菊水マークと赤色シャドー付の流水マークで構成された部隊マークが描かれている。機体上面は濃緑色であり、尾輪収納部扉も濃緑色であるため、尾部では、上面色が機体下面まで回り込んでいるのではないか。垂直尾翼の上部には製造番号の下3桁932が描かれている

中島 キ-84 四式戦闘機乙
1945年8月 太田飛行場 群馬県 飛行第104戦隊 第1隊 草野喜孝大尉

終戦後、群馬県太田飛行場で撮影された写真をもとに作図。満州にあった飛行第104戦隊の所属機が太田飛行場にあるのは、終戦直前の8月13日に104戦隊へ新品の四式戦を空輸したパイロットがそのまま帰国する際に使用したからである。この機体は104戦隊の任務がB-29迎撃ということもあり、胴体砲を13mm砲から20mm砲に換装した乙型が写真で確認できる少ない例である。胴体に幅の広い白帯があることから長機を示すと考え、草野大尉機とした。操縦席右横に「益城」の文字があるので左側にも存在するだろうとした

中島 キ-84 四式戦闘機乙
1945年8月 太田飛行場 群馬県 飛行第104戦隊

1945年8月終戦直後に群馬県太田飛行場で撮影された写真を元に作図。この機体は上図と同様に対爆撃機戦闘を考慮し、機首装備の胴体砲を口径12.7mmのホ-103から口径20mmのホ5機関砲に変更した乙型である。機関砲の大型化にともない、胴体側面部の機関砲ガス抜き孔が大型になっているので注意。104戦隊は、山口県小月飛行場で1944年7月に編成され、満州に移動後、B-29による数次の空襲を経験することになる鞍山製鉄所を中心に防空任務に従事した。本機も終戦に伴う混乱期に中島飛行機に返納された機体だ

中島 キ-84 四式戦闘機甲
1945年 水戸飛行場 茨城県 常磐教導飛行師団 真崎康郎大尉

1944年6月、明野陸軍飛行学校の水戸分校が常陸教導飛行師団として独立、実戦部隊化すると実戦用の四式戦も保有した。イラストは飛行第47戦隊から転属してきた真崎康郎大尉機で、方向舵にはその姓を記されている。77ページの鶴田大尉機と違い、こちらは白枠の中に黒で描いた。常陸教導飛行師団は防空戦闘にも参加しており、真崎大尉も迎撃に出動している

中島 キ84 四式戦闘機 疾風

Imperial Japanese Army Air Service illustrated Fighters Edition.

Nakajima Ki-84 "Frank"

中島 キ-84 四式戦闘機 2次増加試作機
1944年夏 中津飛行場 神奈川県 第1錬成飛行隊 倉井利三少尉

無塗装銀色の機体に濃緑色の斑点迷彩を施したこの機体は第1錬成飛行隊教官であった倉井少尉の搭乗機である。エンジンカウリングには戦果を示す米軍機の星のマークと赤い帯からなる撃墜マークが描かれている。胴体には幹部記号として白帯3本が描かれていることが1944年10月に撮影された写真から確認できる。第1錬成飛行隊の機体では脚カバーが赤に塗られているものがあるが倉井少尉機の場合は塗られていない。スピナーは赤。少尉は1945年2月10日の太田でのB-29迎撃戦で体当たり攻撃に成功したが戦死した

中島 キ-84 四式戦闘機甲
1944年夏 中津飛行場 神奈川県 第1錬成飛行隊

第1錬成飛行隊は技量優秀な飛行学生の卒業者を選抜して錬成、防空任務にあてるため1944年7月に編成された。マークは上掲イラストが基本だが、本機のように前縁に黄色の帯を揩いた機体も存在した。1944年夏ごろまでの使用と伝えられている

中島 キ-84 四式戦闘機甲
1945年5月 由良飛行場 兵庫県 第10錬成飛行隊 宮田惣祐伍長

1945年5月25日、訓練中に大阪府八尾にある大正飛行場に胴体着陸した第10錬成飛行隊所属宮田伍長搭乗機の写真をもとに作図。無塗装機体の垂直尾翼に10を図案化した部隊マークが赤で描いてある。エンジンカウリング側面には機番29が赤で描かれている。第10錬成飛行隊は四式戦闘機搭乗員の養成を目的として1944年11月淡路島にある由良飛行場で編成された

中島 キ-84 四式戦闘機甲
1945年8月 北伊勢飛行場 三重県 第10錬成飛行隊

宮田伍長機の所属していた第10錬成飛行隊は淡路島の由良飛行場から1945年8月初めに三重県の北伊勢飛行場に移動した。この時期に、部隊マークを上図のものから一新し、"0を図案化したマークを垂直尾翼に大きく描くものにした。機番53を胴体に描いた本機を撮影した写真をもとに作図。機体前部の写真は無いが、訓練部隊のため特別のマーキングはないと考えられる。写真では機体の上面色がかなり暗い色であることから、金浦空港で撮影された22戦隊や85戦隊機のように海軍機のような濃緑色と判断した

069

Imperial Japanese Army Air Service illustrated Fighters Edition.

Nakajima Ki-84 "Frank"

中島 キ84 四式戦闘機 疾風

中島 キ-84 四式戦闘機甲
1945年 フィリピン 飛行第72戦隊 第3中隊

飛行場を占領後、遺棄された飛行第72戦隊第3中隊所属機を米軍が撮影した写真をもとに作図。72戦隊は飛行第73戦隊とともにフィリピン航空戦に参加し壊滅状態で活動を終えた。72戦隊のマークは垂直尾翼を横断する横帯で第1中隊白、第2中隊赤(白フチ付)、第3中隊黄(白フチ付)で識別されている。この機体の場合、スピナー前部およびカウリング前縁も中隊色の黄色で塗装されている。同機の垂直尾翼の横帯は水平よりやや後方が下に傾いており、カウリングの黄色塗装部も機軸に対して前方に傾いている

中島 キ-84 四式戦闘機甲
1945年4月 都城西飛行場 宮崎県 飛行第102戦隊第3中隊

1945年4月6日、沖縄周辺の米海軍艦艇攻撃の「第1特別振武隊」を掩護するため都城西飛行場を離陸する第102戦隊第3中隊機の写真をもとに作図。垂直尾翼には「102」を図案化した戦隊マークが黄色で描かれている。この機体は第3中隊所属であるが、第1中隊所属機は白、第2中隊所属機は赤でマークが描かれている。機体塗装色は日の丸の赤よりも暗く濃緑としたが、海軍機のような色の可能性もあると考えている。101戦隊、103戦隊と同時に誕生した102戦隊は機材・人員の消耗により、1945年7月に解隊された

中島 キ-84 四式戦闘機甲
1945年5月 都城西飛行場 宮崎県 飛行第102戦隊 第2中隊

同じく飛行第102戦隊の四式戦で、現存するとされる青色塗装に白フチ付赤の戦隊マークが描かれている方向舵を参考に作図。機体は飛行第20戦隊の隼と同様、洋上作戦に従事するため青色塗装が施されていたと考えられる。赤い戦隊マークは第2中隊を表す。通常方向舵の下部分には番号が描かれているが、この機体は不明である

中島 キ-84 四式戦闘機甲
1945年1月 フィリピン 飛行第1戦隊

陸軍戦闘隊のNo.1として歴史ある飛行第1戦隊はマークを図案化することなく、方向舵の塗り分けで中隊の違いとした。第1中隊が赤、第2が白、第3が黄色である。昭和19年10月のフィリピン決戦投入時は、上面に濃緑色のまだら迷彩を施した機体もあった

中島 キ-84 四式戦闘機甲
1945年4月 サイゴン飛行場 仏印 第8錬成飛行隊

第8錬成飛行隊は1944年6月に朝鮮北部の会寧で編成された四式戦闘機搭乗員養成部隊であり、1944年10月に燃料事情のよいサイゴンに移動した。サイゴンでは訓練のほか同地域の防空や沿岸の船団護衛に従事した。尾翼の黄色マークは8を図案化した第8錬成飛行隊のマークである。装備機は四式戦闘機12機、一式戦闘機2型10機であった

中島 キ-84 四式戦闘機甲
1944年末〜1945年1月 クラーク飛行場 フィリピン 飛行第11戦隊 第2中隊

遺棄されていた飛行第11戦隊第2中隊所属機を米軍が撮影した複数の写真をもとに作図。大きな損傷がないため故障により遺棄されたと思われる。11戦隊は1944年10月からのフィリピン航空戦で壊滅し、人員のみが1945年1月台湾に後退した。垂直尾翼に描かれた11を図案化した電光マークが戦隊マークで、第1中隊白、第2中隊赤(白縁付)、第3中隊黄(白縁付)で識別されている。機体の塗装には褪色や剥離があるが飛行場に放置されている際に進行したものと考えられる

中島 キ-84 四式戦闘機甲
1945年8月 金浦飛行場 朝鮮 飛行第22戦隊

飛行第22戦隊の「60」号機で終戦後に撮影されたカラー写真があるが、図は戦中の姿を再現したもの。スピナー前半の色分けは白が第1中隊、青が第2中隊、黄色が第3中隊、赤が戦隊本部である。当初は菊の花びらの色分けで中隊所属を示したと言われるが、のちに白で統一された

中島 キ-84 四式戦闘機甲
1945年3月 大校飛行場 南京 中国 飛行第25戦隊 谷口正範伍長(当時)

飛行第25戦隊所属の谷口正範軍曹(当時伍長)が1945年3月、南京の大校飛行場を基地に米第14航空軍のP-51との空戦で搭乗した機体。谷口氏本人の談によるとスピナーは赤色塗装、機体の色は黄緑7号ではなくて、濃緑とのことなので、陸軍機の濃緑色とした。しかし1945年に供給された機体のようなので、海軍機と同じ濃緑色の可能性もある。垂直尾翼に斜め帯で25戦隊を示す戦隊マークが描かれ、これは、独立飛行第10中隊時代からの戦隊マークを1943年6月に変更したものである

中島 キ84 四式戦闘機 疾風

Imperial Japanese Army Air Service illustrated Fighters Edition.
Nakajima Ki-84 "Frank"

中島 キ-84 四式戦闘機甲
1945年夏 京城飛行場 朝鮮 飛行第25戦隊第1中隊 金井守告少尉

坂川敏雄少佐率いる精強の飛行第25戦隊は、1944年10月より四式戦の導入を開始、1945年3月までに全機を更新した。イラストは白帯の第1中隊所属、「05」号機である。第2中隊は白フチ付きの赤、第3中隊は白フチ付きの黄色であった。中隊長機は胴体後部に太い帯を記入する。この機体の塗装は上面黒、下面無塗装で標準から外れているが理由は不明である(ライフライクデカールの調査では、部隊にそのような飛行機が存在していたという文献はあるようだ)。

中島 キ-84 四式戦闘機甲
1945年夏 漢口飛行場 中国 飛行第25戦隊

「ミリタリーエアクラフトNo.016 1994年9月 太平洋戦争 日本陸軍機写真集 P77」の写真をもとにイラストを作図。写真を見ると明らかに一般の戦隊マークとは異なるので、本部機ではないかと考えている。垂直尾翼の前縁は明るく一式戦闘機にあるような戦隊長マークにも見えるのでそのように作図したが、赤色だけの可能性もある

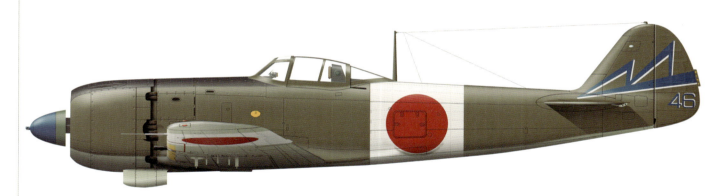

中島 キ-84 四式戦闘機甲
1945年 成増飛行場 東京都 飛行第47戦隊旭隊

飛行第244戦隊とともに、帝都防空の任にあった飛行第47戦隊旭隊(旧第1中隊)所属機の写真をもとにイラストを描いた。本機では胴体、主翼の日の丸に防空部隊を示す白帯が描かれている。胴体識別帯の日の丸の白フチ部分に剥離がみられ、垂直尾翼には47を図案化した部隊マークが描かれている。47戦隊は「旭」、「富士」、「桜」の3隊編成でそれぞれ、「旭」青に白シャドー、「富士」赤に白シャドー、「桜」黄に赤シャドーでマークを描き識別していた。方向舵の下の部分には各隊の色で機番号(製造番号下2ケタ)が描かれている

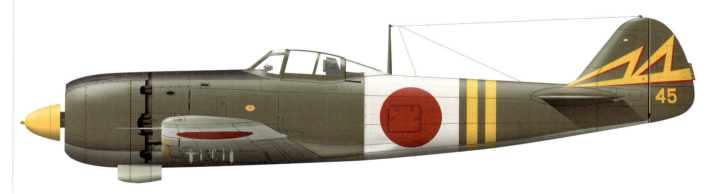

中島 キ-84 四式戦闘機甲
1945年2月 成増飛行場 東京都 飛行第47戦隊 桜隊隊長 波多野貞一大尉

1945年2月16日、米海軍機動部隊艦載機による本土空襲に対する迎撃戦に出撃する際に撮影された写真をもとに作図。写真は鮮明度に欠けるため塗装の剥離まで再現できていない。桜隊は元の第3中隊で当時の中隊色である黄色で戦隊マークや胴体の幹部識別帯、スピナーを塗装している。この日陸軍宇都宮飛行場などへの米軍機空襲に対する迎撃戦は千葉県八街、群馬県館林の上空で行なわれ戦果があったとされている

中島 キ-84 四式戦闘機甲
1945年5月 成増飛行場 東京都 飛行第47戦隊 桜隊隊長 波多野貞一大尉

こちらも波多野中隊長の機体で、「69」号機となった。飛行第47戦隊は1945年5月末に防空任務を解かれて沖縄戦に参加するが、この機体は出発前の写真が残されている。胴体の防空部隊識別帯は日の丸のフチを残して上面色で消されている。このため識別帯の幅だけ上面色が胴体の下まで塗られている。波多野大尉は7月28日の対P-51空戦で戦死している

中島 キ-84 四式戦闘機甲
1945年4月 プノンペン飛行場 仏印 飛行第50戦隊第1中隊 大房養二郎准尉

この機体の写真を見つけることはできなかったが、大房准尉搭乗機には自身の出身地である宮城県にちなんだ「陸奥」の固有名称と垂直尾翼から機体後部を斜めに横切る電光を図案化した50戦隊マークが描かれていたとの資料より作図。大房准尉（最終階級）は1943年1月に飛行第50戦隊に配属され、終戦まで同戦隊に所属した。この期間中にP-51、P47、B24、B29などを含む19機を撃墜したほか、1945年にはイギリス艦艇を撃沈する戦果も挙げている。1945年6月には陸軍武功徽章（乙）が授与された

中島 キ-84 四式戦闘機甲
1945年初頭 下館飛行場 茨城県 飛行第51戦隊長 池田忠雄大尉

フィリピンや本土防空に奮闘した飛行第51戦隊の2代目戦隊長、池田忠雄大尉の「715」号機。「51」を図案化した戦隊マークは第1中隊が赤フチ付きの白、第2が赤フチ付きの赤、第3が白フチ付きの黄色で、スピナーもこれに準じて塗られた。池田大尉は2月の米艦上機迎撃に出撃、2日間で4機を撃墜している

中島 キ-84 四式戦闘機甲
1944年12月 下館飛行場 茨城県 飛行第52戦隊第3中隊

上掲の51戦隊と共に1944年4月に編成され、やはりフィリピン決戦や防空戦闘に活躍した飛行第52戦隊所属機である。戦隊マークはローマ数字の「V」と、アラビア数字の「2」を図案化したもの。中隊の色分けは第1中隊が白、第2中隊が白フチ付きの赤、第3中隊が白フチ付きの黄色で、スピナー前半部もこの中隊色に塗った。本イラストは第3中隊機だが、同じ「071」号機でマークを赤の第2中隊長機としたイラストも発表されている

Imperial Japanese Army Air Service illustrated Fighters Edition.

Nakajima Ki-84 "Frank"

中島 キ84 四式戦闘機 疾風

Imperial Japanese Army Air Service illustrated Fighters Edition.

Nakajima Ki-84 "Frank"

中島 キ84 四式戦闘機 疾風

中島 キ-84 四式戦闘機甲
1944年12月 隈庄飛行場 熊本県 飛行第72戦隊第2中隊

1944年12月、フィリピンへの移動中の飛行第72戦隊第2中隊機が熊本県にある隈庄飛行場に立ち寄った際に撮影された写真を元に作図。機体は上面を当時の標準である黄緑7号で塗装され、垂直尾翼には、戦隊マークである帯が描かれている。第2中隊は白フチ付赤とされ帯内には機番が白で描かれている。写真からこの機体の増槽は機体と同様の色であることがわかり、黄緑7号で塗装されていたと考えられる。72戦隊は71戦隊、73戦隊で構成された第21飛行団としてフィリピン航空戦に参加したが壊滅状態で本土へ帰還した

中島 キ-84 四式戦闘機 二次増加試作機
1944年10月 所沢飛行場 埼玉県 飛行第73戦隊

1944年10月、埼玉県所沢飛行場で報道関係者に公開された際に撮影された写真をもとに作図。この機体は製造番号491の第二次増加試作機で一次増加試作機に比べると排気管は推力式単排気管となり、方向舵も量産機に近い形状になっている。量産機とは異なり増槽爆弾懸架用ラックが機体中央部下面に取り付けられている点も特徴。方向舵に描かれた3本の線が第73戦隊のマークで赤は第2中隊。方向舵下部が色分けされており、機番号を記入する

中島 キ-84 四式戦闘機甲
1944年11月 所沢飛行場 埼玉県 飛行第73戦隊第1中隊長

戦隊マークは斜めに描いた3本の帯で、第1中隊が白、第2が赤、第3が黄色である。1944年11月の所沢駐留時は本イラストのように方向舵の金属部を黄色く塗り、製造番号を黒で記入していた。スピナーは中隊色で塗り分けていたとする説もある

中島 キ-84 四式戦闘機 甲
1945年 金浦飛行場 朝鮮 飛行第85戦隊

終戦後、焼却処分するため朝鮮金浦飛行場に集められた機体を撮影したカラー写真に収められている元飛行第85戦隊所属機を作図した。写真の発色には疑問もあるが、塗装色はカラー写真の色を参考にした。この色は海軍機の塗装色に近い色のように見える。写真の機体の中には黄緑7号と思われる色の機体もあり、濃緑色でも色調の異なるものもあるので、大戦末期には従来とは異なる濃緑色が使用されていたのかもしれない。この機体は駐機中の視認性を低くするために脚カバーに上面色塗装が施されている

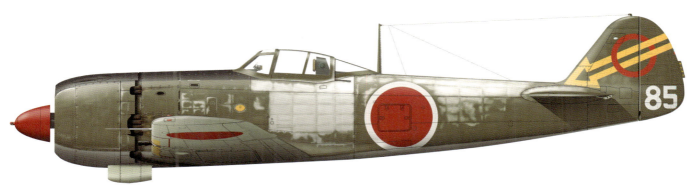

中島 キ-84 四式戦闘機甲
1945年8月 藤枝飛行場 静岡県 飛行第101戦隊

終戦直後に海軍藤枝飛行場で撮影されたかなり鮮明な写真があり、それをもとに作図。疾風の塗装の剥離は描かないことが多かったが、この機体は終戦直後に撮影されたかなり鮮明な写真が存在するのでその写真を参考にした。垂直尾翼には101戦隊のマークが描かれている。101戦隊は1944年7月、明野飛行学校北伊勢分教所にて第100飛行団の3個戦隊(第101、102、103)のひとつとして編成された。しかし搭乗員の技量未熟のため、フィリピン戦には参加せず、都城から沖縄戦に参加した

中島 キ-84 四式戦闘機甲
1945年 都城飛行場 宮崎県 飛行第101戦隊第1中隊

同じく飛行第101戦隊機。戦隊マークは「101」を図案化しユニークかつ派手なもので、「0」に相当する「○」はすべて赤。矢印の色分けで第1中隊が白、第2中隊を赤、第3中隊が黄色と表しました、矢印はすべて黄色とする資料もある。番号はすべて白だったようだ。機番は「37」とされる説もあるが筆者には「97」に見えたので、「97」で作図した

中島 キ-84 四式戦闘機甲
1944年12月 満州南部 飛行第104戦隊長 瀧山 和少佐

飛行第104戦隊は1944年7月、防空を任務として4戦隊内で編成された。「104」を図案化した戦隊マークは赤で統一され、機体が暗褐色塗装の場合は白フチが付いた。中隊色は第1が赤、第2が黄色、第3が青で、スピナーまたは垂直尾翼上端を塗ったとされる。本イラストは満州に展開の瀧山 和少佐の「轟」号で、風防の後方に機名と撃墜マーク(金城中尉の「剣」号との協同戦果)が描かれている

中島 キ-84 四式戦闘機甲
1945年8月 満州南部 飛行第104戦隊 第1中隊

この機体の写真を直接見ることはできなかったが、複数の資料をもとに作図。日本機にしては珍しいシェブロンマークが胴体に描かれた飛行第104戦隊所属の機体である。上面塗装色は黄緑7号で胴体部分に剥離が目立つようだが、正確に再現できる資料がないのでイラストでは表現していない。飛行第104戦隊は1944年7月に編成され、隼、鍾馗等の機体も装備し満州南部の防空任務に従事し、1944年9月以降のB-29による鞍山空襲に対する迎撃を実施した

Imperial
Japanese Army
Air Service illustrated
Fighters Edition

Nakajima Ki-84 "Frank"

中島 キ84 四式戦闘機 疾風

中島 キ-84 四式戦闘甲
1945年6月 新田飛行場 群馬県 飛行第112戦隊第1中隊 鶴田 茂大尉

大戦末期に常陸教導師団機を基幹として編成された飛行第112戦隊の「62」号、鶴田 茂大尉機である。当初は明野教導飛行師団に準じたマークを描いていたが、群馬県新田飛行場に移動後は「天誅」の「てん」を図案化したマークを描いた。尾翼の上端に記入された「鶴田」が見て取れる

中島 キ-84 四式戦闘甲
1945年6月 新田飛行場 群馬県 飛行第112戦隊第1中隊長 真崎康郎大尉

こちらも同じく飛行第112戦隊の真崎康郎大尉の搭乗する「762」号機。搭乗者、番号、帯は共に白で記入したようだ

中島 キ-84 四式戦闘機 一次増加試作機
1944年6月以降 明野飛行場 三重県 明野教導飛行師団

この機体が所属する明野教導飛行師団は1944年6月に明野陸軍飛行学校から組織変更された部隊。基地のある三重県には伊勢神宮があり、それにちなみ3種の神器の八咫鏡と明野の「明」を組み合わせたマークを使用している。本機はキ-84 一次増加試作機で、集合排気管を単排気管に変更した形状が量産機と異なる機体。垂直尾翼は低く、方向舵の弦長は大きくなっている。また、増槽懸架ラックも左右主翼下に取り付ける量産機とは異なり胴体下に取り付けられている

中島 キ-84 四式戦闘機甲
1944年秋 太田飛行場 群馬県 陸軍航空輸送第2飛行隊 山名秀風中尉

飛行機工場で完成した航空機を前線に輸送する航空輸送第2飛行隊所属の山名中尉が群馬県に所在する太田飛行場から中島飛行機で完成したキ-84を1944年秋にサイゴン航空廠へ輸送した機体との資料があり、それをもとに作図。無塗装の機体に濃緑色の濃密な斑点状の迷彩が施されており、尾翼には虎のマークが描かれている。斑点迷彩の正確なパターンは不明なため、推定で描いた。虎のマークは白と黒の塗料で絵が描かれており、「虎は千里を征き、千里を帰る」という中国の故事にちなみ、武運長久を祈り描かれている

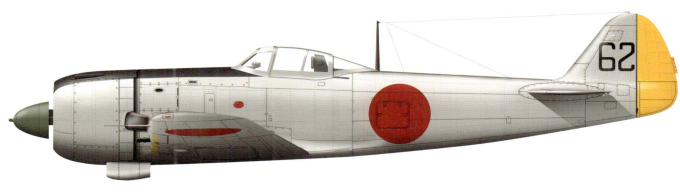

中島 キ-84 四式戦闘機 一次増加試作機
1944年4月 中津飛行場 神奈川県 飛行第22戦隊 第3中隊 第3中隊長 黒岩義彦大尉

飛行第22戦隊第3中隊長黒岩義彦大尉が、対爆撃機攻撃訓練中に発生した接触事故により主翼翼端部を失いながらも生還した際に撮影された写真をもとに作図。飛行第22戦隊は、キ-84の試作段階から関わっていた岩橋譲三少佐を戦隊長に迎えた最初のキ-84装備部隊である。編成時の所属機はすべて一次増加試作機であり、この機体の製造番号は84062でその下2ケタが垂直安定板と胴体後部に描かれている。集合排気管や、方向舵の形状などが量産機とは異なっている

中島 キ-84 四式戦闘機 二次増加試作機
1944年 水戸飛行場 茨城県 常陸教導飛行師団 鶴田 茂大尉

この機体は常陸教導飛行師団所属の鶴田大尉機とされる機体で、機体中心線上に増槽懸架用ラックが取り付けられていることから、二次増加試作機と思われる。垂直尾翼には明野飛行学校のマークと同様の八咫鏡に常陸の「常」を組合せ両側面に羽根をあしらった常陸教導飛行師団のマークと鶴田大尉の名前、機番が描かれ胴体には幹部を示す白フチ付帯が描かれている。無塗装の機体上面には、濃緑色が塗られていると考えられる。常陸教導飛行師団は、1944年6月それまでの明野飛行学校水戸分校を組織変更した部隊で、関東地区の防衛等に従事した

中島 キ-84 四式戦闘機 二次増加試作機
1945年夏 南京 中国 飛行第9戦隊

二式単戦を主力としていた飛行第9戦隊は1945年に四式戦への改変を予定したが、機材の補給はごく少数にとどまってしまった。戦隊マークは漢数字の「九」の図案化で、二式単戦時代は赤とする資料もある。本イラストは胴体の太い帯などから、中隊長クラスの機体と思える。塗装色は二次増加試作機なので濃緑色とした

中島 キ-83 四式戦闘機 二次増加試作機
1945年春 成増飛行場 東京都 飛行第47戦隊 桜隊

数多い塗装例の見られる飛行第47戦隊所属機のひとつである図の機体は胴体下に懸吊架を装備した二次増加試作機。赤くシャドーが付いた黄色い戦隊マークから、桜隊(旧第3中隊)の「84」号機と推定できる。世界の傑作機19号 68ページの解説では機番が34となっているが、写真を見ると84にみえるので機番84とした。塗装色は二次増加試作機なので暗緑色とした

Imperial Japanese Army Air Service illustrated Fighters Edition.

Nakajima Ki-84 "Frank"

中島 キ84 四式戦闘機 疾風

中島 キ-84 四式戦闘機甲
1945年 台湾 飛行第29戦隊

飛行第29戦隊は1944年2月、満州にて二式単戦装備の戦闘機隊として編成され、その後、中国、台湾と移動した後、フィリピン航空戦に投入された。フィリピン航空戦で機材を消耗した後、1945年1月台湾へと後退し、四式戦で再編成され、終戦まで台湾にとどまり、沖縄戦に参加した。いくつかの資料がありそれをもとに作図。青色曲線状の矢印マークはキ-44とは異なり水平尾翼の下を回って描かれている

078

Imperial Japanese Army Air Service illustrated Fighters Edition.

Nakajima Ki-84 "Frank"

中島 キ84 四式戦闘機 疾風

大東亜決戦機の期待も高く短期間で多数が量産された四式戦の戦隊マークは、大戦後期の機体と思えないほどバリエーション豊かである。例えば①②⑤Cなどはそれぞれ第1、第10、第8、第10錬成飛行隊だが、教育部隊らしからぬ豊かな色彩と数字の図案化らしからぬマークが魅力的だ。四式戦に限らず方向舵の後縁に付くタブには「サワルナ」と記入されるが①③⑥などを見る限り機体の色に合わせた例もあればそうでない例もあるようだ。一方、EやFの第104飛行戦隊機のように、戦隊マークも「サワルナ」も赤という機体もある。四式戦が配備された部隊は多いが、⑥⑦⑬などの「かわせみ部隊」を前身とする飛行第47戦隊はシンプルながらも派手なイメージで、多くのバリエーションが存在する。最初の装備部隊となった飛行第22戦隊の菊水マークも印象的だが、すべて手書きのためフチの有無や形状など、いくつもの違いがあった。Gは明野飛行学校水戸分校を独立改変した常陸教導飛行師団のマークだが、⑪のように「天誅」の「てん」を図案化した時期もある。尾翼上部に記入された姓が示すように鶴田茂大尉機で、「真崎」大尉機などもある。同じく名を記入したのが⑭と⑮の飛行第104戦隊機で、こちらは「轟」「肇」などが機体名として描かれた。轟号の撃墜マークは、「19-12-7」と戦果を挙げた日も記入されている。A「陸奥」もやはり固有名称だが、これは飛行第50戦隊第1中隊のトップエース、大房養次郎准尉の郷里にちなんだもの。変わったところではDの陸軍航空輸送第2飛行隊・山名中尉機が、「虎は千里を征き、千里を帰る」の中国故事に願いを託した虎が描かれている

079

川崎 キ100 五式戦闘機
Kawasaki Ki-100

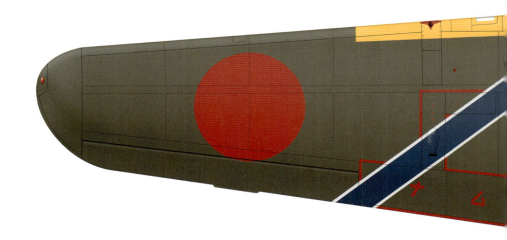

　陸軍五式戦闘機の名で一般的に知られる本機は、終戦までに制式化の手続きはなされておらず、当時の公式書類にはもっぱら「キ100」「キ一〇〇」の名で登場する。言わずと知れた空冷飛燕が本機だ。
　日本における液冷エンジン機の運用は戦争が進むにつれて困難になっていった。一部誤解があるようだが、液冷エンジン機の整備性が悪かったために空冷エンジンに換装されたのではなく、海軍の彗星も、三式戦の場合も、材質の劣化や置き換えに失敗し、ちゃんとしたエンジンができあがらなくなったことがその大きな原因だった。
　五式戦が大戦末期の航空戦で徒花を飾ったのを見て「もっと早くに空冷エンジンに換装していれば、もっと活躍できた」と悔やまれる。実際、彗星の空冷三三型は昭和19年夏から実施部隊に供給されている。一方、五式戦の登場は昭和20年に入ってからとおよそ半年以上の開きができてしまった。それはハ140を搭載した三式戦闘機Ⅱ型の目を見張る高性能と、その素晴らしいエンジンが工場からできあがってこないことのジレンマであったといえるだろう。
　とはいえ、短期間でエンジン換装の設計、製作は行なわれ、昭和20年2月には試作1号機が飛行実験を開始。良好な成績を得てすぐさま転換生産を行なうことが決定されている。
　できあがった機体は順次、三式戦装備部隊へ供給され、帝都防衛部隊として名高い飛行第244戦隊のほか、飛行第5戦隊、また明野教導飛行師団を基幹として編成された飛行第111戦隊などが終戦直前の本土上空で有利な空中戦闘を繰り広げたことは周知の事実である。
　ここでは三式戦由来の優美な胴体に無骨な空冷エンジンを付けた本機の魅力あふれる塗装例をご覧いただこう。

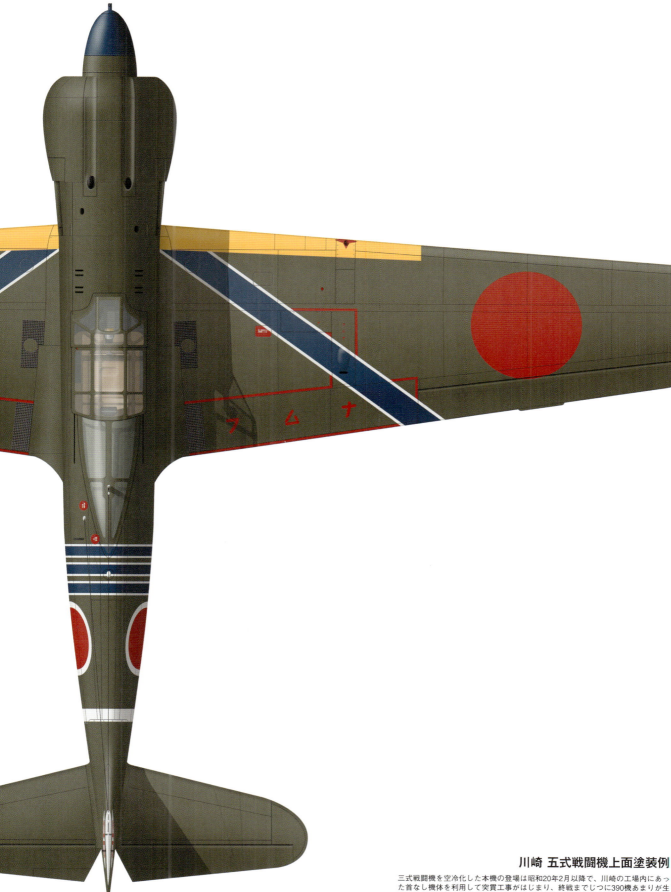

川崎 五式戦闘機上面塗装例

三式戦闘機を空冷化した本機の登場は昭和20年2月以降で、川崎の工場内にあった首なし機体を利用して突貫工事がはじまり、終戦までじつに390機あまりが生産されたという。本機の場合、当初から機体上面は濃緑色で迷彩塗装が施されており、図は一般的な機体を表したもの。本土防空部隊の場合には胴体や主翼の日の丸に白帯が付くが、それ以外の場合には日の丸に白フチは付かない

Imperial Japanese Army Air Service illustrated Fighters Edition.
Kawasaki Ki-100

川崎 キ100 五式戦闘機

川崎 キ-100 五式戦闘機 1型
1945年6月 清州飛行場 愛知県 飛行第5戦隊

飛行第5戦隊は、1945年5月から五式戦に機種改変したが供給が足りず、ほとんど実戦に出ていない。戦隊マークはローマ数字の「V」を図案化したもので、横に下2ケタの製造番号を大きく記入した。中隊ごとの色分けはない。2色迷彩ながら、胴体日の丸に白フチのない機体も存在した。胴体後部水平尾翼の下の部分に記入されている注意書きは「迷彩塗料」と書かれており、迷彩塗装されている機体にのみ書かれている

川崎 キ-100 五式戦闘機 1型
1945年夏 芦屋飛行場 福岡県 飛行第59戦隊第2中隊

飛行第59戦隊のマークは初期こそ電光を描いていたものの、1943年頃からは斜め帯1本というシンプルなものになった。第1中隊が白、第2中隊が白フチ付きの赤、第3中隊が白または赤フチ付きの黄色で、胴体と尾翼下に製造番号下3ケタを描いた。この「177」号機は脚カバーに他機にはない赤く細い斜めの帯が記されており、長機の標識とする意見もある

川崎 キ-100 五式戦闘機 1型
1945年夏 芦屋飛行場 福岡県 飛行第59戦隊第3中隊

こちらも59戦隊機だが、方向舵を交換したためか戦隊マークが途中で途切れている。残された写真では、マークはイラストよりもラフに描かれていることが見て取れる。コクピットは五式戦の初期生産タイプに共通のファストバック型で、本ページと次ページ上2段まで掲載のイラストはすべてファストバック型である

川崎 キ-100 五式戦闘機 1型
1945年夏 芦屋飛行場 福岡県 飛行第59戦隊第3中隊 緒方尚行中尉

P51を1機撃墜したマークを描いた同じく59戦隊の、第3中隊長・緒方尚行中尉機。現場での五式戦の評価はおおむね高く、それを裏付けるように強敵P51もたびたび撃墜した。スピナーは前部は黄色、尾翼下にも製造番号を記したイラストも発表されている

Imperial Japanese Army Air Service ilustrated Fighters Edition.

Kawasaki Ki-100

川崎 キ100 五式戦闘機

川崎 キ-100 五式戦闘機1型
1945年7月 明野飛行場 三重県 飛行第111戦隊第1大隊

陸軍戦闘機操縦者の総本山といえる明野陸軍飛行学校は1945年7月、教育業務の大部分を停止、第2飛行集団、飛行第111戦隊を編成して本土決戦に備えた。明野伝統の八咫鏡に「明」のマークは変わらないが、111戦隊になってからはマーク下の線および胴体の線と本数、かつ色分けで分隊と小隊を示した

川崎 キ-100 五式戦闘機1型
1945年6月 調布飛行場 東京都 飛行第244戦隊

五式戦に改変後の飛行第244戦隊第3中隊機。おなじみの戦隊マークはすべて白で、胴体後部の帯で中隊分けを表示した。いつもながらの第1中隊に白、第2は赤、第3は黄色である。下2ケタの製造番号は尾翼だけでなく、主脚カバーにも記された。イラストの「32」号機はカバーも上面色で、カバーの番号はフチの付いた黄色で塗っている

川崎 キ-100 五式戦闘機1型
1945年6月 清州飛行場 愛知県 飛行第5戦隊長 馬場保英大尉

飛行第5戦隊の最後の戦隊長・馬場保英大尉の乗機。スピナーは前半部が赤、後半部が白またはシルバーと他機と違った塗色となる。飛行第5戦隊は長く二式複戦を使用していたこともあって単発戦闘機の改変訓練に時間を要し、機体の供給が不足したこともあって五式戦での実戦参加の機会ははほとんどなかった

川崎 キ-100 五式戦闘機1型
1945年6月 清州飛行場 愛知県 飛行第5戦隊長 馬場保英大尉

こちらも飛行第5戦隊の機体で上掲イラストと共に水滴風防となったタイプ。ハ140はエンジンの生産が追いつかず工場において「首なし」となっていた三式二型戦闘機を利用して五式戦としたものが多く、後期生産機は水滴風防となった。39号機と48号機は他の機体と離れて並んで駐機していること、39号機が馬場大尉機とされていること、39号機のみ写真に写っている機体と異なり脚カバーが未塗装であること、48号機の胴体白帯の幅が広く、脚カバーにも白帯が描かれていることから、39号機、48号機のいずれか戦隊長機、同予備機と考えられる

083

川崎 キ100 五式戦闘機

川崎 キ-100 五式戦闘機 1型
1945年8月 芦屋飛行場 福岡県 飛行第59戦隊第3中隊

敗戦から2カ月後の福岡県芦屋飛行場にあった飛行第59戦隊第3中隊機。他の機体と比べ番号の書体が異なり、ていねいな記入である。同様の例は「022」号機なども写真で確認できる。日の丸の白フチは上面色で塗ったものの、ところどころが剥離している。この姿で僚機と共に米軍からの処分命令を待っていた

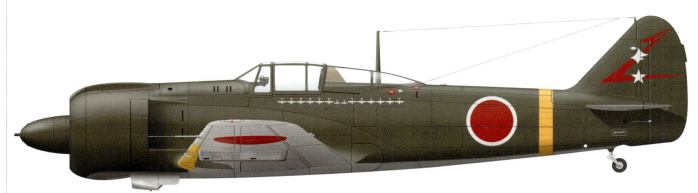

川崎 キ-100 五式戦闘機 1型
1945年5月 調布飛行場 東京都 飛行第244戦隊長 小林照彦大尉(少佐)

五式戦に改変した飛行第244戦隊の、小林戦隊長機。撃墜マークは14個に増え、真ん中に小型機2機のマークを挟んでいる。小林戦隊長は五式戦をことのほか気に入り、「絶対不敗」と激賞している

川崎 キ-100 五式戦闘機 1型
1945年7月 明野飛行場 三重県 飛行第111戦隊第5中隊

水滴風防を持つ飛行第111戦隊第2大隊第5中隊機。第111戦隊所属機はすべて、尾翼上端を白く塗っていた。この機体は写真があり脚カバーに80の番号が描かれていることが確認できる

川崎 キ-100 五式戦闘機 1型
1945年7月 明野飛行場 三重県 飛行第111戦隊第2大隊長 檜 興平少佐

同じく飛行第111戦隊機で第2大隊長を勤めた檜 興平氏がその手記で自身の乗機には青帯三本の長機標識があった旨を書いていることから再現したもの。方向舵下には機番号を記入していたはずだが不明なため図には書き入れていない

川崎 キ100 五式戦闘機

Imperial Japanese Army Air Service illustrated Fighters Edition.

Kawasaki Ki-100

五式戦は配備された部隊も実戦参加も少なく、必然的に確認できる戦隊マークも少ない。AとBは明野教導飛行師団から新編された飛行第111戦隊のマークで、「明」の図案化を継承した。よく見ると線の太さ、偏（へん）と旁（つくり）の間隔が違う。暗褐色迷彩の第1大隊長「43」号機などは、白く抜かれた部分も暗褐色で塗りつぶされていた。濃緑色迷彩機も同様である。下に掲載の上段写真に並ぶ2機は、右が飛行第5戦隊の馬場戦隊長乗機である「39」号機、左が「48」号機。同戦隊は姓の頭文字や「5」または「55」を図案化したマークで知られるが、五式戦の改変に伴いローマ数字の「V」を図案化したマークに2ケタの製造番号を大きく描いた。下段写真は飛行第59戦隊機だが、尾翼に斜め帯というシンプルなマーク。赤に白フチ付きの第2中隊機である。方向舵下端には、うっすらと製造番号が見える。剥離や透けなど、劣悪な品質と伝えられる当時の塗料が実感できる。この他に飛行第17、第244戦隊と、二型の試作3号機などのマークが確認されており、尾翼に細い帯が2本と太い帯が1本、中央部に「3」が記入された。一説には太い帯が5、細い帯2本で2、そして3で五式戦二型3号機を意味するという

A

B

写真提供／伊沢保穂

実機写真で見る帝国陸軍部隊マーキング例

写真提供／伊沢保穂

▲飛行第11連隊の九一式戦闘機「愛國87（佛立）」號と空中勤務者たち。国産初の実用戦闘機となった九一戦だったが、ついに実戦の機会を得ないまま第一線をしりぞいた。稲妻を模した尾翼の戦隊マーク（第2中隊を表す赤で記入）に注目されたい

▲同じく飛行第11連隊の九一式戦闘機「愛國61（和歌山）」號。九一戦はちょうど愛國號の創設と登場を同じくしたため献納機の数が多い。プロペラ先端の整流カバーが外されているのが興味深い。写真に写るは11連隊長藤田朋大佐

▼飛行第9戦隊の九五式戦闘機。気温が下がるとエンジンの起動が困難になるため、機首部には分厚いカバーが掛けられている

▲整備中の飛行第4連隊の九二式戦闘機たち。小さくてわかりづらいが右に写っている「182」号機の尾翼に、原駐地の大刀洗に因み、刀の鍔に川の流れを模した部隊マークが確認できる。これがやがて飛行第4戦隊へと引き継がれていく

▶飛行第33戦隊の九五式戦闘機と空中勤務者たち。尾翼の戦隊マークは後々まで同じデザインで引き継がれていく

▼中国大陸上空を飛翔する九七式戦闘機乙型は飛行第64戦隊から一時的に派出されて作戦した丸田部隊こと丸田文雄大尉率いる第1中隊機（操縦席横の赤鷲が64戦隊由来のマーク）で、尾翼のマークは○の両側の破線が黄色で共通。その中の縦線が2本で赤に見えることから第2編隊2番機のようだ。灰緑色の機体に赤い機首が映える

▲垂直尾翼を真っ黒に塗装した様子が特異な九七戦は独立飛行第10中隊の装備機。尾翼には白地で機体番号（製造番号の下2ケタという）を記入して個別標識とした。独飛10中隊はのちに坂川敏雄大尉が戦隊長を勤めたことで高名な飛行第25戦隊の基幹となる

▲兵庫県加古川飛行場をホームグラウンドとする飛行第13戦隊の九七式戦闘機。尾翼の戦隊マークはカタカナ「カコ」と漢字の「川」を掛け合わせたもの。胴体の黒＆白帯は編隊標識として使用されたもの

▲これは本書としてはちょっとイレギュラーな九七式戦闘機のデチューン練習機であるキ-79 二式高等練習機の一群。飛行第54戦隊で練習用に使われていたもの

▲1939年末、南支方面に展開していた独立飛行第84中隊の九七式戦闘機で、操縦席後方風防に金属部分が多い甲型と分類されるもの。独飛84中隊は飛行第64戦隊の残置部隊を基幹として編成されたもので、操縦席脇にその名残の赤鷲（64戦隊マーク）を付けている

◀1939年、ノモンハンで活躍した飛行第59戦隊は第2中隊の樫出勇曹長の乗機として使われた九七戦甲型。胴体の稲妻は赤で、垂直尾翼に記入された樫出の頭文字「カ」は黒

▲1942年夏、満州に展開していた飛行第85戦隊所属の九七式戦闘機。戦隊マークは漢数字「八五」の図案化。85戦隊はこのあと二式単戦に機種改変して在支米空軍と熾烈な戦いを繰り広げる

▼1942年、大阪の大正飛行場に展開していた頃の飛行第13戦隊の九七戦で、本機は独立飛行第102中隊のデザインと○に大正の「大」を掛け合わせたマークを描いている

087

▲雲形迷彩を施した一式戦闘機1型は飛行第11戦隊所属機。胴体に記入された日の丸に付けられた白フチが非常に太いのが遠目にも目をひく

▲雪深い幌筵飛行場で暖機運転を行なう飛行第54戦隊の一式戦闘機2型。海軍戦闘機隊が全てフィリピンの戦いに引き抜かれたあとは北千島に残った唯一の戦闘隊として北方の護りについた

▲ニューギニアに進出した飛行第59戦隊の一式戦闘機2型は戦隊本部附の南郷茂男大尉機で、胴体日の丸後方に白フチ付の青帯を2本付けている。南郷大尉は海軍戦闘機隊の南郷茂章大尉の実弟

▼飛行第71戦隊の一式戦闘機と空中勤務者たち。赤く記入された戦隊マークは漢数字の「七一」を図案化したもの

▲マダラ状の迷彩塗装が施された飛行第59戦隊の一式戦2型で、カウリング部分に迷彩がないのはここだけパーツを交換したためか？ 59戦隊は64戦隊とともに開戦時に一式戦を装備していた数少ない部隊で、2型への改変も早期段階で実施された

▲損傷して遺棄されたまま米軍の手に落ちた一式戦闘機2型は飛行第248戦隊の機体。尾翼には2枚、4枚、8枚の葉を模した戦隊マークが記入されている

◀同じく飛行第59戦隊の一式戦闘機で、広畑富男曹長の搭乗機

▲爆音正しく高度を持して飛行する一式戦闘機1型の大編隊は栄えある飛行第1戦隊の機体。1戦隊は方向舵を色分けして白い横線を記入して編隊標識とし、胴体に楔形の帯を記入して長機標識としていた

▲飛行第33戦隊の一式戦闘機2型。機体上面に濃緑色でマダラ状の迷彩を施している

▲飛行第24戦隊の一式戦闘機2型で、尾翼に「24」を図案化した戦隊マークが赤で記入されているのがわかる。胴体側方、集合排気管の排出口から吹き出した煤汚れが目をひく

▲飛行第63戦隊の一式戦闘機2型。白フチ付赤で記入された戦隊マークはアラビア数字「63」を図案化したもの

▲東京成増飛行場に堅陣をしく飛行第47戦隊の二式戦闘機群。尾翼の戦隊マークは「47」を図案化したもので、方向舵下端にはそれぞれ機番号を記入している。47戦隊の前身は二式戦の制式化前に実用実験を行なった独立飛行第47中隊だ

▶千葉県印旛飛行場をホームグラウンドにしていた飛行第23戦隊の二式戦闘機と空中勤務者たち。尾翼の戦隊マークはアラビア数字の「23」を図案化したもので、本機は白フチ付赤で記入されている

◀新年の祝賀のためプロペラにしめ飾りを施される飛行第85戦隊の二式戦闘機。真ん中に小さく写る機体の尾翼に、片矢印の戦隊マークが見えている

▶飛行第246戦隊の二式戦闘機群

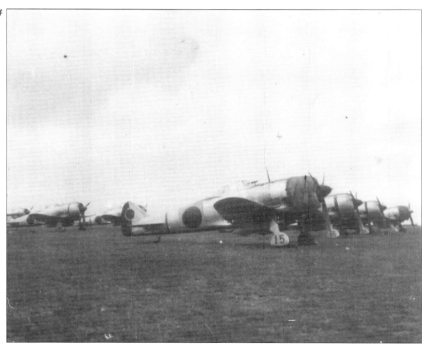

▼二式戦闘機が制式兵器化されるはるか前に実戦での実用実験を行なったのが独立飛行第47中隊。垂直尾翼の斜め線の色で編隊（第1：白、第2：黄色、第3：赤）を、本数で機番（1番機：1本、2番機：2本、3番機：3本）を表した。写真はその装備機となった増加試作5号機（脚カバーの「8」は試作機からの通算）で、第3編隊長機ということになる。刈谷正意氏撮影

▲飛行第85戦隊長、斎藤正吾少佐の搭乗する二式戦闘機2型。85戦隊の戦隊マークは片矢印と呼ばれる、垂直安定板前縁を中隊色で塗ったものだった（左ページ一番下写真参照）が、戦隊長機はご覧のように太く鮮やかな矢印（色は白フチ付きコバルト）で記入されていた

▲1945年4月、沖縄作戦の特攻機掩護のため発進にかかる飛行第102戦隊の四式戦闘機。戦隊マークはアラビア数字「102」を図案化したもの

▲飛行第51戦隊の戦隊マーク（左写真）と飛行第52戦隊のもの（右写真）を比較する。人物の影になってしまっているが、52戦隊のほうの「5」はZを左右逆にしたような直線デザイン。機番号とも、フリーハンドで記入された様子が読み取れる

◀訓練中に空中接触事故を起こして、からくも生還した飛行第22戦隊のキ-84（まだ四式戦の制式化前）。前面無塗装銀の増加試作機で、垂直安定板に記入されたのは試作番号

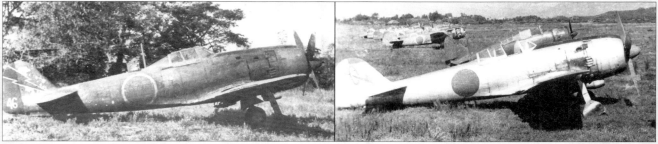

▲迷彩塗装を施された飛行第11戦隊の四式戦闘機（左写真）と、終戦直前に生産されたにもかかわらず無塗装銀仕上げの飛行第104戦隊の機体（右写真）。こうしてみると地上駐機での迷彩効果のほどが比較できる

▲無塗装銀仕上げの飛行第73戦隊の四式戦闘機（左写真）と上面に濃緑色の迷彩を施した飛行第72戦隊の機体（右写真）。増槽を緑に塗装しているのは地上での駐機中に目立たないようにするための配慮で、脚カバーを上面色に塗った機体があるのも同様の理由だ

▲飛行第103戦隊の四式戦闘機群。103戦隊の戦隊マークは「0」を図案化した真ん中の○が赤というのが共通で、矢印部分の色を代えて中隊を表した

▶飛行第55戦隊の安達武夫少尉と機付の神崎兵長が撃墜マークと撃墜日を三式戦闘機の胴体へ記入する。こうした手法は戦意高揚のためとして陸軍戦闘隊ではしばしば用いられている

▼飛行第17戦隊の三式戦闘機と空中勤務者たち。無塗装銀時におおまかなパターンのマダラ状迷彩が記入された例。戦隊マークはアラビア数字「17」の図案化だが、左右対称のデザインなので「7」が逆になっていることに注意

▲飛行第56戦隊の三式戦闘機1型。手前の機体は戦隊長の古川治良少佐の機体で、胴体日の丸に付いた太い白帯は本土防空部隊ではなく戦隊長を表す標識という。主翼の日の丸にはそれが付いていないのはそのため

◀発進を前に真剣なブリーフィングを行なう飛行第47戦隊の空中勤務者たち（というシチュエーションで撮影されたものだろう）。後方の四式戦闘機には各日の丸に防空部隊識別標識が付けられ、胴体後方に2本の黄帯が巻かれている

▼第19錬成飛行隊の三式戦闘機。このように上面の迷彩塗装を丁寧にベタ塗りした例もあった

▲飛行第244戦隊の三式戦闘機。遠景で見ると戦隊長編隊特有の尾翼の赤塗装や防空部隊識別帯が際立つことがわかる

▲終戦直後の佐野飛行場に翼を並べる飛行第55戦隊の三式戦闘機たち。上面迷彩のパターンは個体差があるが、胴体日の丸前方に機番号を記入するというのは共通のようだ（同様な例に飛行第59戦隊の五式戦闘機がある）

Imperial
Japanese Army
Air Service illustrated
Fighters Edition.

参考文献
Reference book

世界の傑作機　シリーズ／文林堂
No.29　　「陸軍97式戦闘機」
No13、No65　「陸軍1式戦闘機　隼」
No.16　　「陸軍2式戦闘機」
No.17　　「陸軍3式戦闘機」
No.19　　「陸軍4式戦闘機」
No.23　　「陸軍5式戦闘機」

丸メカ　図解・軍用機シリーズ　12　「隼/鍾馗/九七戦」／光人社

精密図面を読む［8］第2次大戦の花型戦闘機・新続編／酣燈社
精密図面を読む　Best Selection Vol.2　第2次大戦戦闘機編／酣燈社

モデルアートプロフィール　No.733「川崎キ61　飛燕」／モデルアート
モデルアートプロフィール　No.779　「中島キ44　鍾馗」／モデルアート
モデルアート9月臨時増刊　No.395　「日本陸軍一式戦闘機の塗装とマーキング」／モデルアート
モデルアート2006年5月号　No.704／モデルアート

OSPREY AIRCRAFT OF THE ACES　100 Ki-44 "Tojo" Aces of World War 2 ／OSPREY PUBLISHING
OSPREY AIRCRAFT OF THE ACES　85 Ki-43 "Oscar" Aces of World War 2 ／OSPREY PUBLISHING

エアロディテール29　中島　一式戦闘機　「隼」／大日本絵画
エアロディテール24　中島　四式戦闘機　「疾風」／大日本絵画
鍾馗戦闘機隊　陸軍飛行第70戦隊写真史／大日本絵画
鍾馗戦闘機隊　明野陸軍飛行学校小史／大日本絵画
飛燕戦闘機隊　飛行第244戦隊写真史／大日本絵画
隔月刊 スケールアヴィエーション該当各号／大日本絵画

ミリタリーエアクラフト　1994年9月　太平洋戦争　日本陸軍機写真集／デルタ出版
ミリタリーエアクラフト　1997年9月号別冊　太平洋戦争　日本陸軍機写真集 II／デルタ出版
ミリタリーエアクラフト　2002年10月号別冊　第2次大戦軍用機図面集 (1)／デルタ出版

TADEUSZ JANUSZEWSKI、ZYGMUNT SZEREMET　Kawasaki Ki10 PERRY ／TENZAN
Leszek A. Wieliczko, Monographs No.18　Nakajima Ki-84 Hayate／KAGERO

該当機種のデカールに付属しているカラーインストラクション／ライフライクデカール

デジタルカラーマーキングシリーズ

日本陸軍の翼
日本陸軍機塗装図集【戦闘機編】
Imperial Japanese Army Air Service illustrated [Fighters Edition]

著者	西川幸伸（にしかわ ゆきのぶ）
編集	スケールアヴィエーション編集部（石塚 真、半谷 匠、佐藤南美）
	吉野泰貴　松田孝宏
協力	ライフライクデカール　吉村 仁　齋藤久夫　櫻井 隆
デザイン	海老原剛志
発行日	2015年12月17日　初版第1刷
発行人	宮田一登志
発行所	株式会社新紀元社
	〒101-0054 東京都千代田区神田錦町1丁目7番地
	錦町一丁目ビル2F
	Tel.03-3219-0921（代表）　Fax.03-3219-0922
	URL.http://www.shinkigensha.co.jp/
企画・編集	株式会社 アートボックス
	〒101-0054 東京都千代田区神田錦町1丁目7番地
	錦町一丁目ビル4F
	Tel. 03-6820-7000（代表）　Fax. 03-5281-8467
	URL. http://www.modelkasten.com/
印刷・製本	株式会社リーブルテック

◯内容に関するお問い合わせ先：03(6820)7000　㈱アートボックス
◯販売に関するお問い合わせ先：03(3219)0921　㈱新紀元社

Publisher:Hitoshi Miyata
Nishikicho 1-chome bldg., 2nd Floor,Kanda Nishiki-cho 1-7,Chiyoda-ku,Tokyo
101-0054 Japan
Phone 81-3-3219-0921
SHINKIGENSHA URL:http://www.shinkigensha.co.jp/
Copyright ⓒ2015 Yukinobu Nishikawa

Editor : ARTBOX Co.,Ltd.
Nishikicho 1-chome bldg., 4th Floor, Kanda Nishiki-cho 1-7, Chiyoda-ku, Tokyo
101-0054 Japan
Phone 81-3-6820-7000
ARTBOX URL : http://www.modelkasten.com/

Copyright 2015 Yukinobu Nishikawa
本書掲載の写真、図版および記事等の無断転載を禁じます。
定価はカバーに表示してあります。

ISBN978-4-7753-1385-5